KB142060

유라시아 알타이의 길, 한민족 DNA

유라시아 알타이의 길
한민족 DNA

지은이 | 김경상 · 정태언
펴낸이 | 모두출판협동조합(이사장 이재욱)
펴낸곳 | 모두북스
초판 인쇄 | 2024년 7월 10일
초판 발행 | 2024년 7월 15일
디자인 | 나비 010.8976.8065
주소 | 서울 도봉구 덕릉로 54가길 25(창동 557-85, 우 01473)
전화 | 02)2237-3301, 02)2237-3316
팩스 | 02)2237-3389
이메일 | seekook@naver.com

ISBN 979-11-89203-47-4(03980)
@김경상 · 정태언, 2024
modoobooks(모두북스) 등록일 2017년 3월 28일/ 등록번호 제 2013-3호

책값은 뒤표지에 씌어 있습니다.

유라시아 알타이의 길, 한민족 DNA

글·정태언
사진·김경상 - 김태환

김경상 사진집

MODOOBOOKS

: 작가의 변

나는 아주 오랜 세월 동안 테마를 정해 사진 작업을 하였다. 초기에는 산악 풍경 사진 작업을 하며 체력을 다졌고, 그 후 아프리카 인도 아시아의 빈민촌과 반군 마을, 에이즈, 한센인 마을 등을 찾아다니며 고통받으며 어렵게 살아가는 소외된 사람들의 삶을 사진에 담았다.

그리고 위대한 성자들의 생애도 추적하였다. 교황 요한 바오로 2세, 교황 프란치스코, 달라이라마, 마더 데레사, 성인 콜베, 김수환 추기경의 위대한 삶을 근원부터 추적한 다큐 작업을 하여 사진집을 출간하고 국내외 전시를 하였다.

그렇게 다니면서도 늘 마음 한구석엔 빚 같은 있었다. 언젠가 읽었던 시인 백석의 시 〈북방에서〉가 자꾸 떠올랐다. 잊고 있거나 잊혀진 우리 고대사 앞에 자꾸 부끄러워졌다.

> **아득한 옛날에 나는 떠났다.**
> **부여를 숙신을 발해를**
> **여진을 요(遼)를 금(金)을**
> **흥안령(興安嶺)을 음산(陰山)을**
> **아무르를 숭가리를**
> **(…) 속이고 나는 떠났다.**
> **나는 그때 (…)**
> **오로촌이 맷돌을 잡아 나를 잔치해 보내던 것도**
> **쏠론이 십릿길을 따라 나와 울든 것도 잊지 않았다.**

나는 그때
아모 이기지 못할 슬픔도 시름도 없이
다만 게을리 먼 앞대로 떠나 나왔다.
(…)
나는 나의 부끄러움을 알지 못했다.
(…)
이미 해는 늙고 달은 파리하고 바람은 미치고
보래구름만 혼자 넋 없이 떠도는데

아, 나의 조상은,
형제는 일가친척은,
정다운 이웃은, 그리운 것은, 사랑하는 것은,
우러르는 것은, 나의 자랑은, 나의 힘은, 없다
바람과 물과 세월과 같이 지나가고 없다

내가 해야 할 작업이 그 시에 숨어 있었다. 그래서 우리 한민족의 시원(始原)을 밝히는 고조선, 고구려의 벽화와 유적에 대해 작업하였고, 유라시아를 횡단하여 고대 북방 민족의 동서양 이동을 추적하고자 했다. 또한 한민족의 노래 아리랑을 비롯한 주요 무형문화재 작업을 통해 수많은 자료를 축적하였다.

"한민족의 DNA는 끈질긴 생존 본능, 승부사 기질, 강한 집단 의지, 개척자 정신 등 네 가지로 구성되는데, 이러한 DNA는 2500년간 유라시아 대륙을 지배하였던 초원 제국의 기마민족 전사들과 다르지 않다. 우리 민족이 세계 제국을 건설하였던 흉노, 돌궐, 몽고(元 제국), 만주(淸 제국)와 같은 DNA라는 주장은 새로운 것이 아니다. 신채호 선생은 1931년 조선일보에 연재한 〈조선사〉에서 '조선족이 분화하여 조선, 선비, 여진,

몽고, 퉁구스 등의 종족이 되었다.'고 했다. 또한 BC 2333년 건국된 단군조선이 세월이 흐르면서 유라시아 대륙으로 흩어져 세계 최강최대(最強最大)의 제국들을 건설하였다. 고조선 멸망 이후 생겨난 고구려 역시 몽고의 예맥족이 남하하여 만든 국가였다."

이런 역사 기술이 낯설지 않다. 지난 2500년간 동서 8,000킬로미터에 달하는 유라시아 대초원에서 맹활약하면서 동북아시아에서부터 유럽에 이르기까지 대제국을 건설하며 세계사를 써온 기마군단의 주인공은 흉노, 선비, 돌궐, 몽골, 여진이다. 이들은 단지 한 시대만을 풍미했던 북방의 이민족들이 아니다. 짧게는 700여 년에서 길게는 1,400여 년에 이르는 오랜 기간에 걸쳐 세계사의 전면에 등장했던 주인공들이다.

이번 유라시아 기마민족의 이동 경로 사진의 편집 중에는 일본 황실 탄생의 배경이 중요한 사진 물증으로 나왔다. 신라(新羅)와 가야(伽倻)는 알타이 중앙아시아에 살던 예족들이 동해안 루트를 타고 내려와 건국했던 것은 아닐까.

또 광개토대왕이 이끄는 고구려 군사에 밀려 김해와 부산의 복천동에 있던 금관가야는 대마도와 이끼섬, 규슈 등지로 도주하여 6개 부족 국가를 세웠다가 세력 다툼 끝에 1개의 통일 왕조를 건설했던 것으로 보인다. 6개 부족 국가는 대국, 일지국, 이도국, 노국, 투마국, 사마대국이었다.

'유라시아 알타이의 길, 한민족 DNA'라는 주제를 정하고 보니 알타이와 몽골초원, 그리고 한반도와 일본, 또 시베리아를 넘어 유럽까지 진출한 북방 민족사 앞에서 백석의 표현처럼 '나는 나의 부끄러움을 알지 못했다.'라는 감정에 사로잡힌다. 그걸 뉘우치며 우리 고대사의 비밀 속으로 들어가는 중이다.

2023년 10월, 김경상

: 김경상 사진집
글을 맡으며

정태언 | 소설가

대학에서 시베리아 관련 강의를 맡으며 새삼 북방에 대해 생각하기 시작했다. 나야 전공이 러시아문학이라 유학 시절에는 시베리아를 멀게만 느꼈었다. 그러던 시베리아가 불쑥 내 앞에 나타난 것이다. 그렇게 강의와 답사로 20여 년 시베리아와 연을 맺고 있다. 연해주 타이가 속의 원주민, 그리고 드넓은 초원에 자리 잡은 부랴트인들은 이제 너무도 친숙하게 여겨진다. 그리고 서쪽으로 더 나아가 연을 맺은 몽골, 투바, 하카시아, 알타이인들도 그렇다. 그 속에서 만난 부랴트의 게세르 신화, 나무꾼과 선녀 같은 이야기 속 신화소는 너무 우리네 것과 닮아 있었다. 다른 지역에서도 여러 차례 그 비슷한 경우를 만났다. 그것을 북방이라는 한 단어 속에 갈무리 지어놓고도 늘 궁금증에 사로잡혀 있었다. 그 까닭은 그들과 우리와의 친연관계였다. 관련 논문을 쓰면서 그 때문에 주춤거리기도 했다.

재작년, 김경상 사진작가의 이번 작업을 알게 됐다. 그를 만나 이번 사진집의 내용을 들었다. 실로 방대한 역사적 고리를 탐사한 과정이었다. 이야기를 들으며 그 열정에 새삼 고개를 숙일 뿐이었다. 나는 이번 사진집에 들어갈 내용을 뒷받침해 주는 그의 역사관과 식견에 혀를 내둘렀다. 내가 갖고 있던 궁금증을 해소할 실마리도 있었다. 내가 북방이라는 한 단어에 몰아넣은 곳곳을 누비고 다녔기에 더욱 그랬다. 그의 견해에 때론 격하게 공감했고, 때론 고개를 젓기도 했다.

김경상 작가는 집념의 사진작가이다. 자기 견해를 현장을 누비며 찍은 사진으로 내민다. 더 말하면 무엇 할까. 험난한 그 여정을 나도 경험했기에 두말 않고 이번 사진집의 글을 맡았다. 이번 책은 김경상 작가의 사진집이다. 그렇기에 글을 쓰면서도 내용에 그의 역사적 견해를 반영하려 애썼다. 지금도 아픈 몸을 이끌고 세계 곳곳을 누비며 자기 화두를 풀어나가는 김경상 작가에게 거는 기대가 크다.

유라시아 알타이의 길, 한민족 DNA

: 아랫목 이야기꽃 피워대던
한민족 DNA의 연관성을 찾아서

이기우 | 문화예술관광진흥연구소 대표

사계절이 뚜렷한 한반도에 어김없이 겨울은 찾아왔다. 작가는 혹독한 겨울을 이미 체험하고 돌아왔다. 몽골 흡수골 등지를 촬영하고 돌아오더니 동맥이 막혀 사투를 벌인 수술을 초인적으로 이겨 내더니 촬영한 사진집 집필에 몰입하고 있다. 이는 무엇을 말하는가? 한민족의 DNA, 혈맥이 동맥경화를 일으키고 있는 건 아닌지 말이다.

추울 때 아랫목에서 가족끼리 한 이불속에 모여 이야기꽃을 피워대던 시절이 있었다. 그중에서도 묻고 답하는 스무고개가 있다. 대다수가 질문을 하면 답을 맞게 마련인데, 답을 맞히는 방식이 아니라 답을 유도하는 것이다.

이번 우랄 알타이 사진집은 집요하다. 독자적인 영역이다. 글로벌하다. 한민족의 DNA 연관성을 논하고 있다. 영성 인문학 다큐멘터리 김경상 작가는 "묻다(끈질긴 생존본능, DNA), 걷다(강한 집단 의지, 생각), 달리다(개척자 정신, 초원), 날다(승부사 기질, 미래)"로 지구촌을 누빈 우랄 알타이 보고서를 통해 오늘날 우리에게 묻고 있다.

"현재 국경이 다르니 역사와 거리가 멀다고?"

김 작가는 이렇게 말한다.

"현재 우리나라는 한반도 남부 청동기, 철기시대 부족 국가 및 가야 유적지를 대다수 발굴하여 상고시대 역사를 잘 정리하고 있다. 그러나 우리나라는 몽골 및 러시아, 중앙아시아 오지에 있는 몽골계 소수민족과 유적지 조사는 엄두도 못 내고 있다. 현재 국경이 달라서 우리나라의 역사와 거리가 멀다는 인식 때문이다.

그동안 중국 내몽고와 동북3성, 사천성과 티베트, 중앙아시아 카자흐 우즈벡, 러시아 바이칼 알혼섬 부리야트족, 칼미크 공화국, 러시아 남부 볼가강 일대의 말갈족 유적지, 알타이 공화국, 몽골 흡수골 차간노루 차탕족, 일본 규슈 및 대마도에 남아있는 신석기·청동기·철기시대, 유라시아 대초원에서 포효했던 기마군단 칭기즈칸, 로마 제국을 정복했던 헝가리(Hungary) 훈 제국 아틸라, 황금의 알타이산, 철의 백두산, 고구려의 기마군단, 수레의 전차군단 역사 유적지를 찾아다니며 고대 민족의 이동을 증명할 자료를 많이 수집하였다.”

한민족 실체 밝히려 묻다, 걷다, 달리다, 날다

글로벌시대, AI 시대, 5G 시대, 4차산업혁명 시대, 디지털 미디어 시대이다. 숱한 석학들이 우랄 알타이를 논하고 있다. 이들의 영역이 역사, 언어학자들의 몫이라면 아날로그 포토그라피 아티스트 김경상 작가의 다큐멘터리 기록사진은 시공을 초월한 학술 가치가 충분하다고 보아야 한다. 인류의 문화유산을 아우르며, 영성 본능, 끈질김, 강한 연구 의지, 개척자 정신의 발로이다. 그는 이렇게 말한다.

“나는 마지막 남은 체력을 다하여 유라시아에 흩어진 소수민족과 유적지를 찾아다니고 있다. 역사적 증거를 수집하여 한민족의 실체를 밝히려 한다. 진정한 예술은 현장을 체험하면서 자신의 예술혼을 불태우는 것이다.”

김경상 작가는 인문 영성학 다큐멘터리 작가로 알려져 있다. 아프리카 소년 병사에서 에이즈 환자, 한센병 환자, 철저히 격리되고 소외되었던 임종을 앞둔 사람들을 찾아 해외 등지를 찾아갔다.

그는 성인 교황 요한 바오로 2세, 성인 콜베, 성녀 마더 테레사의 영성을 추적했으며, 김수환 추기경, 교황 프란치스코, 달라이 라마 등을 근접 촬영한 놀라운 화제의 주인공으로 그 작품의 진가는 가늠할 수 없다. 김경상 작가의 저서와 작품들은 한국 대통령의 바티칸 교황청 국빈 방문 시 의전 선물로 채택되기도 했다.

작가의 시선으로 고찰된, 인류가 이룩한 세계문화유산

김경상 작가는 시대를 넘나드는 집중과 몰입의 스토리텔러이다. 히말라야 고산지대부터 아프리카 열사의 땅까지, 혹한의 티베트와 우랄 알타이 산맥까지 아시아의 정신문화를 담아내는 작가다.

그는 화가들의 작품세계에 영감을 준 곳을 수없이 찾아다니며, 새벽부터 밤늦게까지 계절 없이 사계의 빛의 순간을 포착해낸다. 반 고흐(Vincent van Gogh), 크라우드 모네(Claude Monet), 폴 세잔(Paul Cezanne) 등의 화가들과 한국의 겸재 정선, 단원 김홍도의 관동팔경, 진경산수화, 그리고 한국의 정자, 한국의 암각화, 한국의 무형문화재, 노트르담 드 파리&세계문화유산, 벽화에 담긴 고구려의 기상 그 찬란한 문화가 그것들이다.

이렇듯 그는 지구촌의 크고 작은 100여 국가를 30여 년간 찾아다니며 인류가 이룩한 세계문화유산 유적지를 작가만의 고유성과 일관성 있는 시선으로 고찰하였다. 이번 작품집도 일관된 그의 작업의 성취임은 두말할 나위도 없다.

목차

작가의 변   004

김경상 사진집 글을 맡으며 | 정태언   007

추천사 | 이기우 문화예술관광진흥연구소 대표   009

1장 | 몽골 알타이 타왕복드산을 오르다

흉노, 한민족의 고대사와 깊은 관계   016

알타이 타왕복드와 천지창조   020

솔롱고, 몽골 알타이의 무지개   060

단군신화에 나오는 곰과 호랑이 이야기   067

알타이의 순장 무덤   069

2장 | 러시아 바이칼호수 알혼섬의 부리야트족

바이칼의 게세르 신화   078

선녀와 사냥꾼 설화   084

3장 | 몽골 홉스굴 차탕족 순록 마을과 몽골 샤먼

홉스굴 호수에 얽힌 전설   108

차간노루 가는 길   113

몽골 차탕 마을의 마지막 샤먼   136

아마르바야스갈란트 사원   152

4장 | 몽골 울란 톨고이 암각화

몽골 암각화의 보고 울란 톨고이   170

5장 | 한반도의 암각화

한반도 암각화의 분포   194

울산 대곡리 반구대   196

     신석기시대 고래사냥   207

울산 천전리 암각화   214

6장 | 강원도 동예국은 동쪽의 예족이다

동해안의 동예국을 아시나요?   228

7장 | 신화와 역사 앞에서

신화의 세계로   268

역사 앞에서   275

8장 | 우주수 그리고 솟대

신라와 가야의 금관   314

하늘을 향한 알타이인들의 염원, 솟대   332

9장 | 알타이 길의 신녀들

신라 선도산 성모를 아세요?   360

가야 정견모주를 아세요?   363

파지리크 얼음공주   366

일본의 신공황후 神功皇后를 아시나요?   370

10장 | 유라시아에서 한민족의 DNA를 찾다

북방 기마민족과 한민족의 관계   380

운주사 석불의 비밀   382

작가 소개   386

1장

몽골 알타이
타왕복드산을
오르다

고대 북방사, 어쩌면 우리 고대사일지도 모르는 사적들이 세계 역사 속에서
제대로 알려지지 않은 것은 서구 역사학자들의 무지와 중국 역사학자들의
역사 왜곡과 폄하 때문이었다. 또한 일제 통치 시기를 거치며 왜곡된 역사
인식도 크게 한몫한 것이 사실이다. 이제 고대부터 한민족과 밀접하게
관련되어온 고대 북방사의 역사적인 실체를 정리해 보고자 한다.

흉노,
한민족의 고대사와
깊은 관계

흉노는 기원전 3세기 후반 몽골고원을 통일한 기마유목민과 그들이 세운 제국의 이름이다. 그들은 연(燕), 진(秦), 한(漢) 시대에 중국을 끊임없이 침략했던 위협적인 존재였다. 중원을 최초로 통일했던 진시황은 흉노 정벌에 나섰으나 뜻대로 되지 않자 흉노의 침략을 막기 위해 몽염(蒙恬)으로 하여금 만리장성을 쌓게 했다.

진에 이어 한나라의 고조 유방은 30만 대군을 이끌고 흉노를 치기 위해 나섰으나 맥등산 전투에서 대패하면서 흉노 군대에 포위당했다가 결국 흉노 선우의 애첩에게 뇌물을 주고 포위망을 풀어 간신히 살아 돌아왔다. 한(漢) 고조는 흉노에 공주와 공물을 바치고 형제지국의 조약을 맺는 치욕을 당했으며, 흉노가 얼마나 두려웠던지 후손들에게 흉노와 다시는 전쟁하지 말 것을 유언으로 남겼을 정도다.

한무제(漢武帝, 7대, 재위 BC 141~BC 87년)의 정벌과 내분으로 국력이 쇠약해진 흉노는 동(東)·서(西) 흉노로 분열되었다가 서흉노는 멸망하고 동흉노는 다시 북(北)·남(南) 흉노로 분열된다. 남흉노는 중국에 동화돼 없어지고 북흉노는 북방의 초원길을 따라 서쪽으로 이동하다 역사 속에서 사라졌다.

이후 약 200년간 역사에 남을 만한 큰 움직임이 없던 흉노는 AD 350~360년경 다시 화려하게 재등장한다. 동쪽에서 온 아시아 기마군단

유라시아 알타이의 길, 한민족 DNA

이 볼가강, 돈강, 드네프르강을 건너 유럽을 파죽지세로 공략하면서 그 존재를 드러냈다. 유럽인들을 두려움에 떨게 했던 훈 제국이 바로 그들이다.

5세기 전반 '아틸라'가 왕으로 등극하면서 훈 제국의 위세는 절정에 이르렀다. 동로마 제국을 제압하고 라인강에 이르는 대제국을 건설한 데 이어 서로마 제국과 갈리아를 공략하면서 라인강을 건너 메츠까지 점령했다.

그러나 게르만 제후의 딸과 결혼한 아틸라가 첫날밤에 의문의 죽음을 맞이했고, 훈 제국은 내분으로 얼마 못 가서 역사의 무대에서 사라졌다. 이렇게 북방사를 주도했던 흉노가 한민족의 고대사와 끊을 수 없는 관계가 있다는 사실을 요약하면 다음과 같다.

우선 흉노를 돌궐의 조상으로 보는 역사학자나 언어학자들의 연구가 있으며, 터키인들도 흉노를 자기들의 선조로, 돌궐을 투르크라는 이름으로 건설한 투르크인의 최초 국가로 간주하고 있다.

그러나 흉노는 당시 북방 유목민 집단을 지칭하는 말로 '흉노'라는 나라는 있어도 특정 민족은 없었다는 주장도 있다. 중국의 역사·언어학자인 주학연 박사는 "흉노는 다혈연·다민족의 부락 연맹체"라며 "흉노족의 언어는 몽골어와 퉁구스어에 가깝고, 흉노족 지배집단의 혈연과 언어가 퉁구스적 요소를 보다 많이 내포하고 있었다. 흉노족의 인종과 언어는 이미 후세 봉골속의 형태에 근접해 있었다."고 주장했다.

알타이산은 카자흐스탄 동북부의 러시아, 중국, 몽골 서부 지역에 걸친 산맥으로 알타이-투르크 민족 모두에게 신성시되는 산이다. 터키를 포함한 중앙아시아와 한국의 역사학자들은 이 산맥에서 모든 민족이 갈라져 나갔다고 추정하기도 한다.

알타이산의 한자 표기는 중국 발음으로 '하얼타이산'으로 이 산과 비슷한 지명을 가진 지역이 티베트에 있는데, 중국식 한자의 발음으로

'아얼진산'이라고 한다. 현지인들은 '아얼진산'을 '알툰산'이라고 부르는데, 카자흐어의 '알튼', 티베트의 '알툰', 몽골의 '알타이', 만주의 '알탄'과 '알친', 한국의 '알지'는 모두 황금을 뜻하는 단어에서 나오는 파생어이다.

그런데 흥미를 끄는 사실은 알타이-투르크 민족의 기원이 된 산은 러시아, 중국, 몽골 지역의 알타이산이 아니라 티베트와 타림분지 사이에 있는 '아얼진산'일지도 모른다는 사실이다. 물론 언어학적인 연구가 뒤따라야 할 대목이긴 하다.

숙신과 야루장부강의 지명은 모두 말갈족(타타루족)의 이전 명칭 숙신, 읍루와 그 음가(音價)가 비슷하다. 숙신족은 중국의 역사책에서도 동북 지방이 시원인 것으로 알려져 있는데, 숙신족이 있던 '야루장부강

(江)'이라는 지명이 엉뚱하게도 티베트의 첩첩산중 속에서도 발견되고 있다는 점이 놀랍다. '야루'는 만주어로 흰말을 뜻하며 야루장부강은 '백마강'이라는 의미다.

신라의 천마총에서 백마의 그림이 나온 이유는 신라인들이 경상도로 오기 전 만주와 연해주 지역에 살면서 자기들이 가지고 있던 백마 토템 신앙을 가지고 함께 내려왔다는 물적 증거가 아닐까.

또 다른 증거는 경상도 방언, 함경도 방언, 연해주 지역 고려인의 방언이 유사하다는 점이다. 금나라를 건국했던 '아골타'도 금사(金史)에 자신이 신라 왕손의 후손이라고 기록했다. 언어적으로나 역사적으로 만주와 한반도 남부는 연결되어 있었다.

- 솔롱고 | 몽골 알타이의 무지개

:   알타이 타왕복드와
        천지창조

알타이 타왕복드(5개의 설산 봉우리) 해발 4,375미터. 하늘이 열리고 생명의 근원인 빙하에서 물이 녹아 지상으로 흘러 내려온다. 텐트를 치고 산 정상에서 숙박하며 촬영하지 않으면 찍을 수 없는 사진. 한여름에도 영하로 기온이 곤두박질친다. 9월 초인데도 새벽에는 영하 10° 느낌의 냉기가 몰려왔다.

10월 초에는 대마도와 규슈 청동기시대 유적 촬영 일정이 잡혀있다. 드디어 한민족의 고대 이동로 작업이 마무리되어간다. 확실한 증거인 유적, 유물 사진으로 한민족 고대사를 밝힐 수 있다.

한민족의 이동 경로는 우랄 알타이산맥을 타고 동·서양으로 진출한 유라시아 로드이다. '몽골(Mongol)'은 '용감함'이란 뜻을 가진 현지어고, 몽골의 국가 정식 명칭은 몽골리아(Mongolia)이다. 칭기즈칸 시대 통일 이후부터 민족명으로 사용하고 있으며, '붉은 용사'라는 뜻의 울란바토르(Ulan Bator)가 수도이다.

국토 면적은 한반도 전체 면적의 7배가량으로 대단히 넓지만, 2015년 기준으로 약 299만 명인 인구는 우리나라의 20분의 1 정도인 작은 규모다. 칭기즈칸 시대의 번영을 뒤로하고 주변 강대국에 밀려 지금은 세계 최강국의 면모를 잃어가고 있지만, 손때 묻지 않은 자연환경과 번성했던 시절의 문화 유적, 유목민의 전통은 오늘날까지 이어지고 있다.

- 몽골의 최고봉 타왕복드산의 일출

우리가 가게 될 몽골의 서쪽은 만년설과 빙하로 뒤덮이고 4,000m가 넘는 고봉들을 자랑하는 웅장한 몽골 알타이 산악 지역. 비양올기 아이막에서부터 고비 알타이 아이막까지 척추처럼 뻗어 있어 몽골의 '지붕'이라 불리는 곳이다. 비양올기 아이막 중국과 러시아와의 접경지대에는 몽골의 최고봉 타왕복드산(4,374m)이 자리 잡고 있다.

경이로운 만년설과 긴 빙산 지대로 유명한 이곳을 찾은 우리가 정상까지 오르기에는 무리가 있어 3,800미터 지역에 있는 베이스캠프까지 반나절 이상 몽골의 힘센 말을 타고 올라가 야영하게 되었다. 서몽골에는 설산 외에도 여러 호수와 사막이 있고, 고원의 야생화도 이름나 있다. 또한 신석기부터 청동기시대에 이르는 께렉수르 등 고고학적 유적들도 많으며 옛 돌무덤 터와 석인상, 암각화 등도 흥미롭게 둘러볼 수 있는 곳이다.

깊이 숨어 있어 현지인도 가기 힘든 산정호수 호톤노르를 마주하며 야영하고 몽골의 알프스라 불리는 비경 참가가르브 산악지대에서 유목생활을 하는 진짜 유목민과 하룻밤을 보내려 한다.

서몽골은 독수리 사냥과 유네스코 문화유산에 등록된 전통 목노래 '흐미'의 고장이기도 하며, 아직도 많은 몽골의 유적지들이 존재하고 관광객도 거의 찾지 않아서 때 묻지 않은 몽골의 속살 같은 곳이다.

"우리 민족의 발상지로 가장 유력한 것으로 알려진 알타이, 끝없이 펼쳐진 숲과 멀리 만년설로 뒤덮인 산봉우리, 마을 입구에는 나무에 헝겊을 매달아 놓은 성황당이 보이고 베틀과 절구, 맷돌 같은 살림살이는 우리에게 너무 낯익은 것들이다. 특히 신성한 곳에 흰 천을 매달고 제사를 지내는 데 영락없는 우리의 서낭당이다."

아빠와 삼촌, 밥과 옷 등 우리말과 같은 단어가 4천여 개나 되어 같은 알타이어족임을 실감하게 한다. 이곳 알타이에서 말을 타고 출발하면 우리

- 타왕복드산 올라가는 길

- 타왕복드산 올라가는 길

- 타왕북드산의 독수리

타왕복드산의 독수리

- 타왕복드산의 만년 설산

- 타왕복드산의 만년 설산

- 타왕복드산 새벽 여명의 빛

- 타왕복드산의 만년 설산

- 타왕복드산의 만년 설산

– 타왕복드산의 만년 설산

허왕북다산 하산 길에서 만난 양떼.

- 타왕복드산 정상의 사람 얼굴 바위

\- 타왕복드산 정상의 사람 얼굴 바위

민족의 고대 영토였던 만주 일대까지 불과 2주 만에 도달할 수 있다. 먼 옛날 시베리아 벌판을 가로질러 한반도로 향했을 조상들의 흔적은 지금도 알타이 곳곳에 생생하게 남아 있다.

알타이에서 가장 높은 타왕복드산은 고대 신전이었던 듯하다. 얼굴 바위를 가장 큰 신성 바위 후면에서 발견하였다. 아마도 몸통에서 떨어져 나간 파편인 것 같다.

몽골은 그 드넓은 땅에 인구는 고작 300만 명. 서울의 몇 개 구(區)를 합친 인구이다. 몽골에 가면 드넓은 자연 앞에 사람은 한없이 작아진다는 것을 자각하게 된다. 몽골 서북부 알타이 하늘의 구름도 독수리 새 모양이 그려진다. 여러 차례 새 모양 구름을 목격하고 촬영했다. 새를 숭상하는 스키타이인들이 사는 곳. 하늘의 구름도 새를 닮는 것 같다.

몽골과 티베트는 만년설 고산들과 척박한 자연환경 등 자연환경이 비슷하다. 그러나 몽골은 티베트보다 가축들이 훨씬 더 많다. 사람들도 가축들과 더불어 살아간다. 드넓은 초원의 게르에는 화장실이 따로 없다. 으슥한 곳에서 잠깐 실례를 해도 아무도 탓하는 사람 없다.

가축들의 똥이 이들에게는 주요한 땔감이다. 바짝 마른 가축의 똥들을 수거하여 난로에 태우면 강력한 화력으로 게르를 덥혀 줄 뿐 아니라 주방의 취사 연료로도 사용된다. 소똥을 가득 넣고 불을 붙이면 대략 2~3시간 공기를 덥혀 준다. 그러나 새벽에는 불씨가 완전히 꺼지기 때문에 무지무지하게 춥다. 밖의 찬 공기보다 더 추운 것 같다.

이 사람들은 성냥개비 하나로 불을 피운다. 나도 새벽에 여러 번 불을 피우려고 해보았지만, 가스라이터를 가지고 불을 붙이기가 정말 어려웠다. 기온이 많이 내려가면 가스라이터는 무용지물이다. 시베리아에서도 마찬가지다. 그래서 이제는 우리가 거의 사용하지 않는 성냥이 이들에게는 중요한 생필품이다.

우리나라에도 만년설이 있는 높은 산이 있었으면 좋겠다. 알타이 지역은 높은 설산, 야생화 지천으로 널린 초원과 우윳빛 빙하의 물이 쏟아져 내려오는 하천, 그리고 야생동물들… 그야말로 때 묻지 않은 지상낙원이다.

왜 우리 한민족의 조상들은 이 아름다운 지상낙원을 버리고 남하하여 한반도 최남단까지 왔을까? 사람의 본성은 미지의 세계를 동경하고 탐험을 좋아하게 마련이다. 고대인들도 사냥 수렵 길을 따라 먼 길을 돌고 돌아서 한반도 남단 바닷가까지 내려온 것 같다.

순장 묘비석이 있는 몽골 카자흐스탄 국경지대 게르 주변 풍경

- 순장 묘비석이 있는 몽골 카자흐스탄 국경지대 게르 주변 풍경

순장 묘비석이 있는 몽골 카자흐스탄 국경지대 게르 주변 풍경

순장 묘비석이 있는 몽골 카자흐스탄 국경지대 게르 주변 풍경

- 경주. 김해김씨 조상의 땅일지도 모르는 알타이 타왕복드산. 해발 4,500미터

알타이의 뜻은 황금(黃金)이다.

알타이산들이 햇살을 받아서 황금처럼 빛난다고 해서 붙여진 이름이다. 몽골이나 시베리아, 중앙아시아 등지에서 알타이, 알튼, 알트 등의 말은 황금이라는 뜻이다. 그렇다면 우리나라에서 가장 많은 인구수를 가진 성 '김(金)'씨는 글자의 뜻으로는 모든 금속을 통틀어 말하지만, 고대사 쪽으로 눈을 돌리면 당연히 '황금'을 뜻한다.

왜냐하면 한무제 시대 알타이(흉노)의 왕자 투후 김일제(金日磾)가 그 열쇠를 쥐고 있다. 통일신라 문무대왕(김법민) 비문에는 투후 김일제가 조상이라고 밝힌다. 이를 증빙하듯 당나라에 살았던 신라인 김씨 부인의 업적을 기리는 '대당고김씨부인묘명'에도 신라 김씨의 뿌리가 투후 김일제라고 기록되어 있다.

> "알타이는 옛날 흉노족의 땅이라 하지만 그 흉노족 역시 우리 민족으로 보아야 합니다."
>
> (…) 알타이는 몽골의 서쪽 끝에 자리 잡고 있습니다. 몇 해 전 몽골의 흡수굴 호수로 해서 알타이까지 여행을 계획한다는 후배의 말에 따라나설 생각을 한 것은 우리의 가까운 관계를 볼 수 있지 않을까 하는 기대 때문이었습니다. (…) 내가 '흉노족 역시 우리 민족'이라고 내세우는 것은 얼마 전 경주에서 발견된 비석을 근거로 했습니다. 거기에 '문무왕은 흉노왕 김일제(金日磾)의 후손'이라고 씌어 있다는 것이었습니다.
>
> – 윤후명의 소설 「알타이 족장께 드리는 편지」 중에서

우리 역사학계는 뚜렷한 증거 없이 이를 부정하고 있으나 신라의 돌무지 덧널무덤(적석목곽분) 및 부장품이 일부 북방 민족 계통과 유사하다는 사실은 무엇을 의미하는 것일까. 아울러 답사했던 알타이의 순장 적석묘도 가야의 순장묘와 같은 양식으로 보인다.

타왕복드산

솔롱고, 몽골 알타이의 무지개

[肅良合(숙양합)] 몽골에서 한국을 지칭한 말.

솔코(Solkho), 솔롱갓(Solongat)이라고도 하였다.《원사(元史)》순제(順帝) 본기(本紀) 15년조에 "십이월을묘 조립차황후기씨 위황후 개기씨 위숙량합씨 운운(十二月乙卯 詔立次皇后奇氏 爲皇后 改奇氏 爲肅良合氏 云云)"이라 하여 고려를 가리켜 '숙량합(肅良合)'이라 하였는데 이는 '솔人곳(高體: 首府의 뜻)'의 음역(音譯)인 듯하다.

1246년(고종 33) 로마 교황의 사자(使者) 칼비니와 1253년 프랑스 루이 9세의 사신 루부르크의 기행문에도 이 말이 나온다. 여진에서는 '소쿠(Sokuo)', 만주에서는 '솔호(Solho)'라고 하였다.

카자흐와 러시아 중국을 경계로 한 몽골 서북부 끝단에 자리한 알타이는 예족이고, 예족은 내몽골 우하량에서 맥족과 결합하여 예맥(濊貊)

- 몽골 알타이의 소년 독수리 조련사

족이 되었다는 학설이 있다.

우리가 시조로 모시는 단군이 지배했던 시기는 단기(檀紀)로 볼 때 약 5천 년 전으로 거슬러 올라간다. 물론 단군이란 칭호는 한 특정인을 일컫는 게 아니라 제정일치 시대의 왕을 지칭한다고 보는 게 너무나도 당연하다. 5천 년이란 장구한 세월 동안 알타이, 중앙아시아, 시베리아 등의 북방에서 얼마나 다양한 부족들이, 민족들이 섞이며 이동했을까.

이런 맥락을 따라가면 예족은 블라디보스톡까지 진출하였다가 바다에 막히자 태백산맥을 타고 남하하여 경주와 김해에 정착했다고 볼 수 있다. 강원도를 동예국이라 했는데, 동쪽의 예국이라는 것이다. 삼국시대 이전 한사군 시대에 불리던 부족 국가명이다.

이 같은 이동 경로를 추론할 수 있는 다른 증거는 중앙아시아에서 제작한 것으로 보이는 로만글라스 유리병과 유리잔이 신라와 가야의 고분들에서 출토된다는 사실이다. 중앙아시아 페르시아 장식 보검도 신라

\- 몽골 알타이 울기시 조형탑, '황제의 사냥'

고분에서 출토된다. 바로 알타이와 맥을 같이 하는 알타이 유물들이다.

　알타이는 러시아 남쪽에 위치하며 유럽과 페르시아, 중앙아시아와의 교역로이다. 약 8천 년 전 내몽골 홍산 사해 신석기 유적과 심양 인근 신락 신석기 유적에서 발굴된 결상이식 옥 귀걸이가 블라디보스톡, 강원도 고성 문암리, 울산 처용마을 동해안 루트에서 발굴된다. 결상이식이 발굴된 동해안은 고대부터 태백산맥을 타고 남하한 북방 민족, 즉 예족들의 길 같다.

　그렇다면 신라와 가야는 태백산맥을 타고 남하한 예족들이 세운 부족 국가로 볼 수 있지 않을까? 이후 고구려 광개토대왕에게 밀린 예족의 금관가야는 대마도, 규슈에 정착하여 일본에 왕실을 세운다.

　알타이와 신라, 가야, 의성의 조문국, 일본의 고훈시대는 예족 장례 풍습인 순장 문화가 공통된다. 물론 순장 무덤은 우리나라는 물론 알타이를

유라시아 알타이의 길, 한민족 DNA

포함한 시베리아, 그리고 몽골 등지에서 폭넓게 발견된다. 그래서 이 같은 고대 역사의 흔적들을 추적하여 사진으로 담고자 했다. 역사의 흔적을 담은 사진들은 부정할 수 없는 역사의 큰 증거이다. 이 모든 장소를 가보지 않은 이들은 장강(長江) 대하(大河)와 같은 역사의 흐름을 짐작할 수조차 없다.

칭기즈칸의 고향은 동몽골이라 알려졌지만, 알타이 설산이라는 말도 전해진다. 그러면 전 세계에서 가장 넓은 영토를 정복했던 칭기즈칸도 황금을 지칭하는 알타이, 그리고 그 뜻을 가진 김씨와 연관되었다고 볼 수는 없을까.

지나친 비약일지도 모른다. 북방에서 숱한 국가들이 명멸해 갔지만 그곳 사람들은 이리저리 뒤섞이며 살던 곳을 옮겨갔다. 만주족 중 '애신각라' 부족 출신인 청(淸) 태조 누루하치도 자신의 먼 조상이 신라 출신이라 이야기한 바 있다. 만주어 '애신'은 금, 그러니까 알타이를 뜻하고 '각라'는 우리의 성씨에 해당한다고 한다. 그러니까 '애신각라'는 김씨 성을 중심으로 한 부족인 셈이다.

- 칭기즈칸의 후예들

역사적으로 고구려의 일원이었던 말갈족이 당나라에 패하여 우랄 산맥을 타고 러시아 볼가강 숲속에 안착하여 로마 교황청과 전 유럽을 쑥대밭으로 휘저은 사실이 있다. 역사계에서는 흉노족이라 말하는데, 한 편에선 말갈족이라는 학설도 있다. 그 후 헝가리의 말갈 9개 부족이 연합 하여 나라를 세웠다. 말갈족은 졸본 비류수에 거주하던 부족으로 고주몽 과 함께 고구려를 건국하였다.

우리나라에도 매사냥이 있다. 이청준 작가의 〈매잡이〉라는 소설이 기억난다. 거의 사라져가는 매사냥을 소재로 한 소설이다. 다행히 지금은 매사냥이 전북과 대전 시도무형문화재로 등재돼 있다. 매사냥은 훈련된 매를 이용하여 사냥하는 것이다. 사냥에 쓰는 매를 사육하고 사냥하는 사 람을 응사, 그리고 매를 기르던 곳을 응방이라 한다.

우리말에 '시치미를 떼다'라는 말이 있다. 시치미는 매의 꼬리에 단 표찰(標札) 같은 것이다. 즉 그 매가 누구의 소유인지를 밝히는 중요한 표식인데 사냥을 위해 길들인 매가 날아갔다가 돌아오지 않고 다른 사람 의 손에 들어가면 그 시치미를 보고 주인을 찾아주었다고 한다. 그런데 이때 시치미를 떼어 버리면 주인을 밝힐 수가 없게 된다. 시치미를 떼고 자기 것이라 우기면 그만이었던 모양이다. 그 말이 지금까지 우리 일상에 쓰이고 있다. 그만큼 매사냥은 우리 생활과 밀접했던 것 같다.

이청준 작가의 「매잡이」에서도 주인공은 날아갔다 돌아오지 못하고 다른 사람의 손에 들어간 매를 찾으려 큰돈을 어렵게 마련하는 대목이 나온다.

중앙아시아와 중동 지방에서 발달한 매사냥은 중국 북부와 몽골을 거쳐 우리나라에 전해진 것으로 알려져 있다. 5세기 초 고구려 고분 삼실총에도 매를 팔에 앉히고 말을 탄 사냥꾼 벽화가 있다. 이 매사냥은 한반도를 거쳐 일본에 전해진다.『일본서기』에는 백제 왕자 주군(사케노키미)과 매사냥 전래에 얽힌 내용이 나온다.

"한 사냥꾼이 그물에 걸린 기이한 새를 잡아 닌도쿠 왕에게 바쳤다. 무슨 새인지 왜인들은 아무도 몰랐으므로 백제 왕자 주군에게 물으니 주군은 백제에서 길들여 사냥할 때 쓰는 새임을 알아보았다. 다름 아닌 매였다. 주군 왕자는 그 매를 사냥용으로 길들여서 팔목에 앉히는 가죽끈을 매고 꼬리에 방울을 달아 닌도쿠 왕에게 보냈다. 닌도쿠는 매를 데리고 꿩사냥을 해서 수십 마리를 잡고 매우 즐거워했다고 한다. 이후 왜는 백제로부터 사냥매를 수입했다. 사냥매를 관리하는 관청 응감부가 설치됐다. 주군 왕자가 그 수장이 된 것은 물론이고 그는 사후 닌도쿠 왕으로부터 응견신(鷹見神)이라는 시호를 받았다."

　　　　　- 존 카터 코벨의 『부여기마족과 왜(倭)』 중에서

- 알타이 타왕복드(5개의 설산 봉우리) 해발 4,375미터

- (위) 몽골 알타이의 독수리 조련사   - (아래) 아기 독수리 사냥꾼

유라시아 알타이의 길, 한민족 DNA

- 몽골 알타이의 게르 안에서 주부가 수제비를 만들기 위하여 밀가루를 반죽하고 있다.

이같이 벽화나 여러 기록으로 미루어보면 매사냥은 아주 오래전부터 행해졌다. 분명하진 않지만, 이미 고조선 때부터 매사냥이 행해졌다고 한다. 몽골과 카자흐스탄의 드넓은 초원지대에서는 매가 아닌 독수리 사냥을 한다. 하지만 맹금류를 길들여 사냥하는 전통의 뿌리는 같아 보인다. 알타이에서는 어린아이가 어린 독수리와 함께 성장하며 사냥을 익힌다. 우리나라는 매사냥, 몽골 알타이에서는 독수리 사냥, 알타이 어린아이는 독수리가 무거워서 작은 매사냥으로 대신한다. 매사냥, 독수리 사냥으로 이어진 유라시아 알타이의 길이다.

단군신화에 나오는 곰과 호랑이 이야기

동굴에서 곰은 마늘과 쑥을 먹고 단군을 낳았으며, 호랑이는 참아내지 못하고 뛰쳐나갔다. (5천 년 전 내몽고 적봉시 우하량에 곰을 숭상하는 맥족이 살았는데, 어느 날 호랑이를 숭상하는 예족들이 내려와 화합하기를 원했지만 결국 다투고 헤어졌다.)

알타이 지역은 유라시아 대륙의 중앙에 자리 잡고 있다. 알타이산맥은 러시아 연방 알타이공화국과 카자흐스탄, 몽골 등과 국경을 접하고 있다. 이 지역의 문명은 알타이산맥을 타고 몽골고원으로 전파되기도 했고, 고비사막을 거쳐 중국 요하(遼河) 지역에 문명을 일으켰으며, 요하 문명은 이후 한반도 주변에서 고조선을 형성했다고 전한다. 또 투르크족을 통해 시베리아 북부에까지 전해지기도 했다.

우리나라 무교(巫敎, 무속)의 제반 요소가 시베리아의 샤머니즘과 매우 긴밀하게 연관됐다거나 한국인과 시베리아 민족들 사이에 유전적 연관성이 있다는 등의 주장이 나오는 것도, 이런 문화의 전파경로와 무관하지 않다.

몽골 알타이에 거주하는 주민들은 목축업이 주업이고 대부분 게르(이와 비슷한 형태로 러시아 시베리아 지역의 투바공화국과 하카시아공화국에서는 유르트가 있고, 알타이공화국에는 아일이 있다)에서 산다.

호텔도 없고 샤워 시설도 없는 알타이에서는 우리도 현지인들과 똑같이 게르 천막에서 숙박을 함께 했다. 우리를 위해 수제비를 만들어주는 게르 주인 아낙네, 양 내장과 갈빗살을 푹푹 끓여서 수제비와 삶은 감자를 넣은 양 곰탕 국물로 식사하는데, 수없이 끓인 양 곰탕 국물을 몇 대접 마셨더니 속이 확 풀린다. 보약 중의 보약이었다.

: 알타이의
순장 무덤

몽골 알타이 울기시 전경은 한국의 하회마을 같은 풍수지리다.

좌청룡 우백호 배산임수는 풍수지리의 길지(吉地)를 이르는 말인데, 좁디좁은 우리 땅에는 분명 풍수지리가 있겠으나 드넓은 대륙 같은 몽골에서 척박한 자연과 싸우는 이들이 풍수지리를 알까. 아니다. 어쩌면 거친 자연에서 이들은 풍수지리를 몸으로 체득해 잘 알고 있을 것이다.

게르들이 자리 잡은 정경이 안동의 하회마을을 떠올리게 만든다. 휘어진 강을 끼고 촌락을 이루며, 빙하의 물이 아래로 흘러 내려가는데 직선으로 흐르지 않고 S자형으로 흘러 내려간다.

게르들의 좌우 후면은 병풍처럼 바람을 막아주는 낮은 산이 사람과 가축들을 보호한다. 게르 전방은 탁 트이고, 얕은 호수가 전면에 있어서 가축들과 사람들이 식수로 사용할 수 있는 길지다. 이런 곳엔 꼭 게르가 자리 잡고 있었다.

알타이의 신라, 가야 선조들의 땅. 그곳에는 석인상 묘비와 순장 묘가 있었다. 대가야 고분에도 순장이 발견되었고 일본 야요이, 고분 시대의 하니와에도 순장 문화가 발견된다.

알타이 선사시대 돌무지무덤이 몽골과 카자흐스탄 국경지대에 펼쳐진 선사시대 유적지에 안내 팻말 없이 그냥 방치되고 있어서 안타까웠다.

선사시대의 돌무지무덤은 구덩이를 파거나 구덩이 없이 시체를 놓고, 그 위에 돌을 쌓은 가장 원시적이고 간단한 묘제로서 우리나라에서는 신석기시대부터 사용되었다. 그 시원은 바로 알타이로부터 시작되었다는 확실한 증거를 사진에 담았다.

가야시대 순장 문화를 보여주는 양식, 족장을 비롯한 가족무덤과 말까지 묻은 묘제 형식을 이곳에서도 발견하고 촬영할 수 있었다.

- (위) 몽골 알타이 울기시 전경　　　　　　　　- (아래) 몽골과 카자흐스탄 국경지대의 순장 무덤

- 부족장 제1호 순장 무덤

- 부인 제2호 순장 무덤

- 부부석 (남편)

- 부부석 (부인)

- 부부 비석 무덤

몽골 알타이 타왕복드산을 오르다

- 왕의 무덤으로 추정되는 순장 무덤

2장

러시아 바이칼호수
알혼섬의
부리야트족

:　바이칼의
　　게세르 신화

시베리아는 신들의 고향이다.

거기서 텡그리는 천신을 일컫는다. 시베리아뿐 아니라 중국 북동 지역과 몽골 등지에서 텡그리를 믿는다. 탕그리라고 부르기도 한다.

> **"텡그리의 개념과 상, 중, 하계의 우주관을 잘 보여주는 게 부리야트의 영웅서사시 '아바이 게세르'다. 신화의 성격을 띤 '게세르'는 동북아시아 샤머니즘 세계에서의 우주관, 그리고 하늘 세계와 대비된 지상과 인간의 의미를 드러내는 귀중한 구비문학 자료다."**
> **– 일리야 N. 마다손 채록(양민종 역주)『바이칼의 게세르 신화』중에서**

게세르는 영웅서사시의 주인공 이름인 동시에 서사시의 제목이기도 하다. 부리야트에서는 '아바이 게세르'로 부른다. '아바이'는 부리야트인 사이에서 '선조', '아저씨' 또는 '아버지'라는 뜻을 가지며, 오늘날에도 연장자의 이름 앞에 붙이는 일반적인 존칭이다. 또 존경의 마음을 담은 호칭으로도 사용된다.

함경도 사투리 중 비슷한 뜻으로 쓰는 '아바이'라는 말의 뜻을 다시 새겨보게 된다. 또한 일부 언어학자들은 미국으로 건너간 인디언 부족 명칭 중 하나인 '아파치'의 뜻도 같다고 주장하기도 한다. '게세르' 또는 '아

유라시아 알타이의 길, 한민족 DNA

- 올란우데에 있는 게세르 동상

- (위) 게세르 강림 장소(울란-우데)   - (아래) 게세르 강림 표석(울란-우데)

유라시아 알타이의 길, 한민족 DNA

바이 게세르'에 나타나는 중심 줄거리는 다음과 같다.

"태초의 우주는 최상의 위치를 차지하는 '후혜 문혜 텡그리(영원한 푸른 하늘)' 아래로 여러 천신(天神)이 사는 하늘 세계, 사람들이 사는 지상 세계, 그리고 에를렉 한의 영토인 지하 세계로 나뉘어 조화로운 모습을 하고 있었다.

하늘 세계의 동서남북 4개 방위에도 각기 다른 하늘 신들이 살고 있었다. 하늘 세계의 서쪽에는 인간에게 도움을 주는 선한 텡그리들이 함께 모여 살았는데, 서쪽 하늘 텡그리들의 지도자는 한 후르마스였다.

한 후르마스는 서쪽 하늘의 다른 텡그리들보다 연장자였다. 그는 아들을 셋 낳았는데, 세 아들 모두 다 하늘 신들 가운데에서도 장사들이었다. 그 중 둘째 아들의 이름은 벨리그테였다.

벨리그테는 지상의 인간들을 구원하기 위해 하늘에서 신으로 살아가는 삶을 포기하고, 죽음을 겪어야 하는 인간으로 지상에 환생해서 '아바이 게세르'라는 이름을 얻게 된다. 그가 인간으로 환생하는 데는 까닭이 있다.

하늘 세계의 동쪽에도 텡그리들이 살았다. 하지만 그들은 지상의 인간들에게 불행을 가져다주는 사악한 신들이었다. 동쪽 진영에 속하는 텡그리들의 우두머리는 아타이 울란이었다. 그는 동쪽 진영의 하늘 신들 가운데 가장 나이가 많았고, 동쪽 하늘에 속한 사악한 신들의 조상이라고 알려져 있다. 아타이 울란에게도 세 아들이 있었다.

그러던 중 하늘 세계에서 신들의 전쟁이 일어났다. 서쪽 진영의 하늘 신들의 지도자인 한 후르마스의 둘째 아들인 벨리그테는 동쪽 진영의 하늘 신들의 우두머리인 아타이 울란의 세 아들을 살해했다. 그리고 그들의 사체를 지상으로 던진다. 지상으로 떨어진 이들의 사체들은 마법사와 정령으로 변신하여 부활한 다음 지상에 온갖 불행을 불러오는 사악한 세력이 된다.

하늘에서도 인간 세계를 괴롭히는 이 악의 무리를 더 두고 볼 수 없는 노릇이라 누군가 지상으로 내려가 강력한 이들을 물리쳐야 했다. 벨리그테가 바로 그 역할을 맡았다. 지상으로 내려온 그가 바로 '게세르'의 주인공인 아바이 게세르이다.

벨리그테는 지상의 인간들을 돕기 위해, 하늘 신인 '텡그리'의 지위를 포기하면서, 역시 신의 지위를 버리고 인간으로 환생한 여인과 지상의 인간 사이의 아들로 태어난다. 인간이 된 벨리그테나 그의 어머니는 통과의례 같은 지상의 수많은 어려움을 견뎌내야만 했다.

성인이 된 벨리그테는 신비한 영산에서 하늘 신과 영웅으로 면모를 갖춘 뒤 지상의 지배자라는 '아바이 게세르'라는 이름을 얻는다. 그는 인간 세상으로 돌아와 사악한 세력들을 물리치고 인간들을 악의 세력으로부터 해방시킨다. 그렇게 다시 우주와 지상에 조화와 평화가 찾아온다."

– 정태언의 『시베리아 이야기』 중에서

- (왼) 인간을 괴롭히는 괴물을 쏘는 게세르 (오) 게세르와 만잔 구르메 (출처 : 부리야트 우스찌 오르다 향토박물관)

'게세르'는 부리야트, 몽골, 티베트에 많은 판본으로 전해지는데, 지역에 따라 그 내용의 차이를 보인다. 티베트와 몽골의 게세르는 불교적 요소와 영웅의 이야기를 다룬 서사시의 특징을 보이고, 부리야트 게세르는 샤머니즘 세계관에 입각한 신화의 특징을 보인다. 구전(口傳)으로 전해졌기에 많은 판본이 있고, 계승 주체는 샤먼이었다.

1925년 육당 최남선은 자신의 글 〈불함문화론〉에서 부리야트의 '게세르'에 관심을 보인다. 그에 따르면 "부리야트 종교에서도 천상계 최상의 선신(善神)은 부단히 가운데 나라, 즉 인간계의 상태를 시찰하여, 재액으로 고통을 받는 경우에는 신자(神子)-천신의 아들들을 하강시켜 구제하신다는 신앙이 있다."고 하며 우리나라의 환웅이 인간 세상을 이롭게 하기 위해 지상에 강림하는 것을 비교하고 있다. (최남선의 〈불함문화론〉 중에서)

이 글에서 육당은 「동명왕편」과 「혁거세전」을 언급하며 천신의 아들 '게실 보그도'를 소개하는데 바로 부리야트의 게세르다. 육당은 「단군신화」와 부리야트의 「게세르」는 구조와 그 속에 담긴 '홍익인간'이라는 건국이념까지 비슷하다고 강조한다. 아울러 육당은 '단군'도 '당굴'도 텡그리를 일컫는다고, 그 음운상의 유사성까지 주장한다.

육당의 말대로라면 이제 우리나라에서 천신을 의미했던 당굴은 당골, 단골, 당골네 등으로 바뀌며 무당을 일컫는 의미로 전락하고 말았다. 부리야트 게세르 신화에 등장하는 만잔 구르메라는 노파가 있다. 만잔 구르메는 인간을 여러 면에서 이롭게 하고 또 태어날 생명을 관장한다. 우리 신앙의 삼신할머니와 그 역할이 비슷하다.

: 선녀와 사냥꾼
  설화

북방 지역은 흔히 한민족의 근원지로 주장되고, 그러면서도 여전히 환상적인 이미지로 남아 있다. 일찍이 육당 최남선 선생 등 선학들이 바이칼호수 일대를 우리 민족문화의 발상지로서 주목했다. 물론 현재까지 우리 민족의 기원과 형성에 대한 정설은 없지만, 오늘날 한반도에 정착한 한국 사람들은 대부분 유라시아 대륙의 유목민족과 같은 혈통이라고 보는 데 큰 무리가 없다.

우리 민족의 기원과 형성을 살펴볼 때 유라시아 대륙, 바이칼호수는 연구의 중심에 설 여러 가지 역사 문화적 근거들을 지니고 있는 셈이다.

바이칼호수에서 가장 큰 섬인 알혼의 부리야트족을 만나러 간다. 어쩌면 우리 한민족의 뿌리일 수도 있고, 아니면 당나라에 패한 고구려 유민 중 말갈족의 후예일지도 모른다.

바이칼호 주변에는 여러 소수 민족이 있는데, 그중 대표적인 부리야트족은 인구 40만의 소수 민족으로서 자치 공화국을 이루어 살고 있다.

한국 의학계의 한 학자는 오랜 기간 당뇨병을 연구하며 북방 인자(因子)에 주목했다. 그의 주장에 따르면 실험 결과로 볼 때, DNA상 한국인과 부리야트인이 가장 가까운 혈통이라고 했다. 그래서일까, 많은 한국인이 민족의 시원을 내세우며 바이칼로 향한다. 그러고 보면 부리야트인들에게 우리의 '선녀와 나무꾼'과 같은 설화가 있다.

옛날 어떤 사냥꾼이 새를 잡으러 갔다가 호수에서 깃옷을 벗고 여자가 되어 헤엄을 치는 백조 세 마리를 본다. 사냥꾼은 한 마리의 깃을 감춘다. 결국 깃을 잃은 백조는 하늘로 날아오르지 못하고 사냥꾼과 함께 살게 된다. 둘 사이에 여섯 아이가 태어난다.

어느 날 아내는 술을 빚어 사냥꾼을 취하게 한 뒤 깃을 달라고 조른다. 사냥꾼이 깃을 내주는 순간 백조로 변해 아이 다섯을 데리고 하늘로 날아간다. 결국 사냥꾼과 딸 하나만 지상에 남게 된다. 이 딸은 부리야트족의 시조가 되고, 부리야트인들에게 백조는 신성한 어머니가 된다.

"이 백조는 천신 에세게 말란의 딸이고 이 백조로부터 바이칼 지역 부리야트인들의 족보가 시작되었으며 이들이 백조를 모시고 제사를 지내는 것도 여기에 이유가 있다고 신화는 설명해준다. 이런 유형의 〈백조 처녀〉 이야기는 유럽에서 몽골, 시베리아, 중국과 일본에 이르기까지 널리 퍼져 있다."
– 조현설의 『우리 신화의 수수께끼』 중에서

여기서 '에세게 말란'은 게세르 신화에 나오는 텡그리다. 그의 자식들은 인간들에게 큰 행복과 기쁨을 전해주는 역할을 한다. 결국 백조는 부리야트족이라는 새로운 민족을 탄생시키는 역할을 한다. 또한 '에세게 말란' 텡그리의 딸 중 하나인 '만잔 구르메'는 우리의 삼신할머니, 마고 같은 역할을 하며 지상에 새로 태어나는 생명을 책임지는 역할을 한다.

알혼섬(문자 그대로 읽으면 올혼인데 부리야트어로 '메마른 땅'이라는 뜻)의 중심지 후지르 마을로 향한다. 후지르 마을에는 알혼섬은 물론 바이칼의 상징 같은 부르한 바위가 있다.

옛날 샤먼들은 제의를 올리기 위해 목숨을 걸고 거친 물살을 헤치며 알혼섬으로 들어왔다고 한다. 이제는 큰 배가 사람과 자동차를 실어 나른다. 한겨울에는 얼어붙은 바이칼호수 위를 자동차로 그냥 달린다. 선착장에 도착해 우아직(몽골에서는 푸르공)이라는 승용차에 몸을 싣고 덜컹거리며 한참을 달리니 후지르 마을이었다. 드디어 부르한 바위로 가는 것이다.

그런데 신성하다고 여겼던 부르한 바위 주위로는 러시아인을 포함한 서양인 관광객들이 많다. 그리고 부르한 바위로 들어가는 입구에 서 있는 커다란 표지판 하나가 눈에 들어온다.

"그 바위로 향하는 길목에는 경고판이 붙어 있었는데 성스러운 장소를 강조하는 내용이었다. 아시아에서 신성한 곳으로 꼽는 아홉 군데 장소 중 하나라고 소개하며 하마(下馬)할 것, 불경한 마음을 갖지 말 것 등등 지켜야 할 사항들이 적혀 있다. 그런데 내 눈을 사로잡은 문구는 어린아이의 출입을 금한다는 내용이었다. 아마 '신이 내릴' 수도 있기 때문에 그런 경고 문구를 써놓은 것이리라. 이른바 '기가 센' 장소임을 일깨우는 문구들 같았다. (……) 한참 그곳에 있다가 되돌아 나올 때였다. 한층 어둑해진 흙길 양옆으로 서 있는 목조주택에 하얗게 붙은 주소 판이 눈에 들어왔다. 거리 이름은 다름 아닌 '푸슈킨' 거리였다. 뜨악했다. 아무리 러시아가 '푸슈킨'의 나라, 그래서 거리 이름 중 엄청 많은 빈도수를 가지고 있는 '푸슈킨' 거리였지만 나는 아연할 뿐이었다."

– 정태언의 『시베리아 이야기』 중에서

– 바이칼호수 샤먼 의식이 행해졌던 부르한 바위

러시아 바이칼호수 알혼섬의 부리야트족

- 바이칼호수 알혼섬

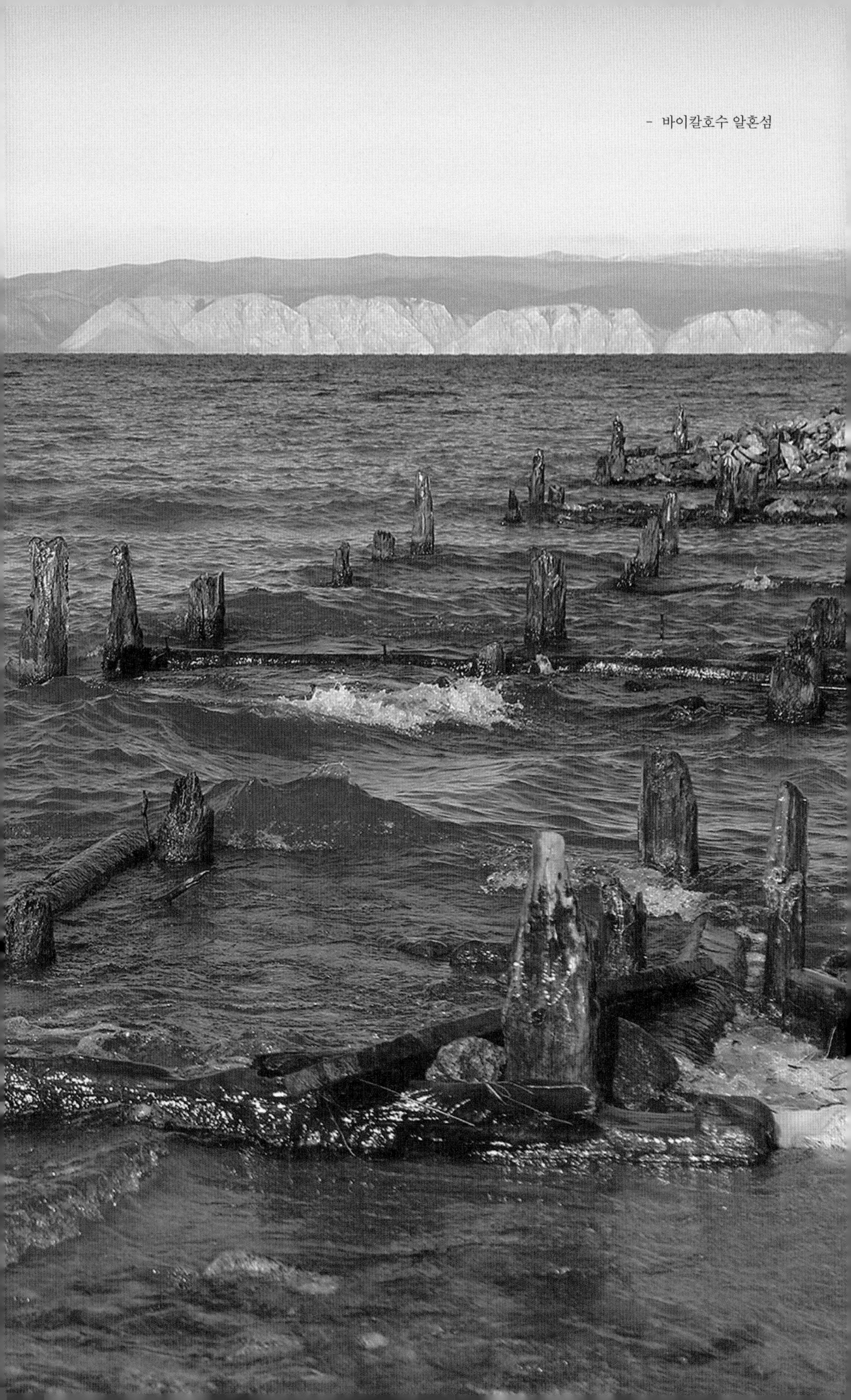

- 바이칼호수 알혼섬

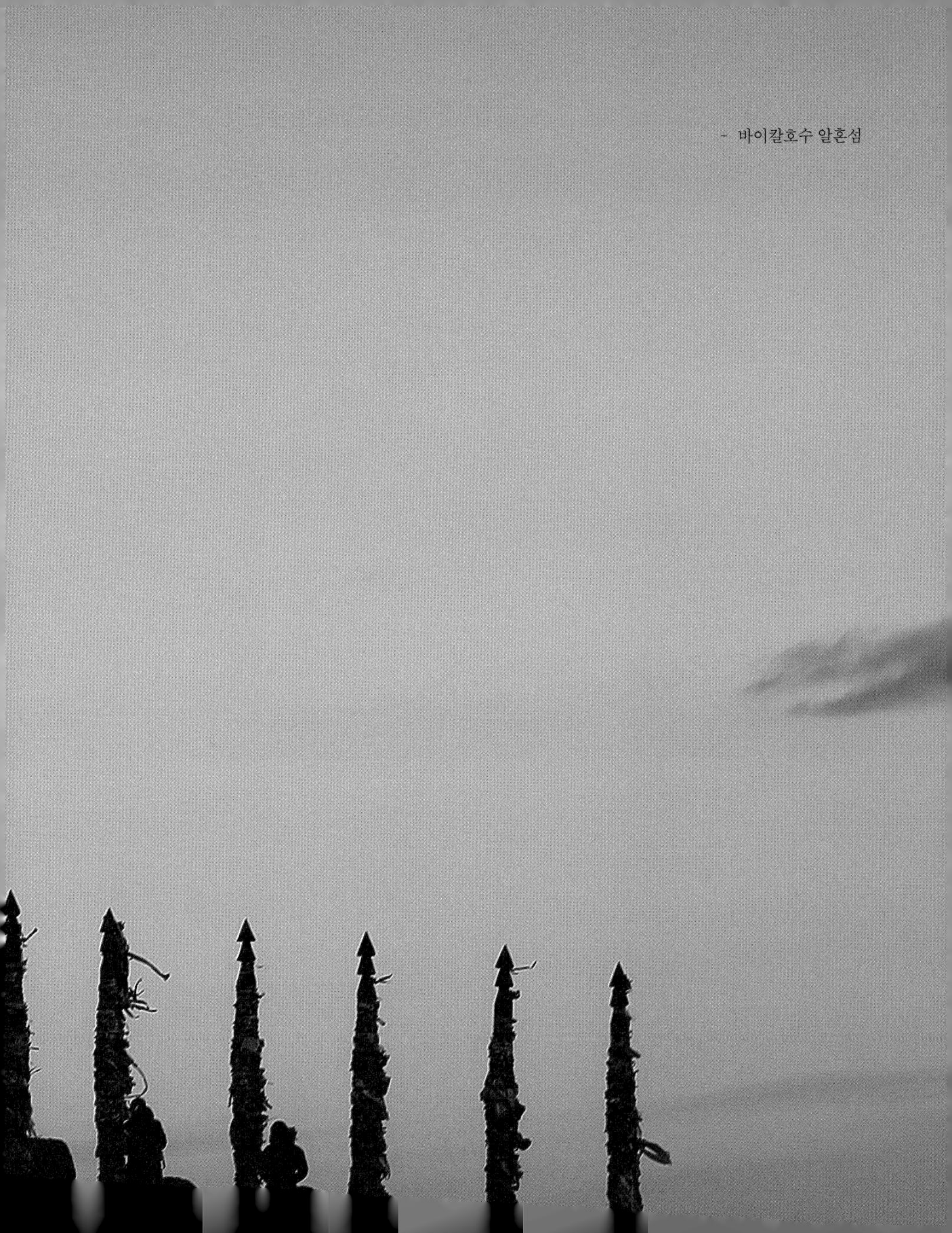

- 바이칼호수 알혼섬

- 바이칼호수 알혼섬

- 바이칼호수 체르스키 전망대 성황당

유라시아 알타이의 길, 한민족 DNA

- 바이칼호수 체르스키 전망대 성황당

- (위) 러시아 바이칼호 | 딸찌 타이가 자작나무숲 고대 선사마을 - (아래) 딸찌 타이가 자작나무숲 선사마을 장승

　유라시아 알타이의 길, 한민족 DNA

- 러시아 바이칼호 | 딸찌 타이가 자작나무숲 고대 선사마을

– 바이칼호수 알혼섬 성황당(칭기즈칸 탄생지로 추정)

- (위) 바이칼 호수 알혼섬 (사랑의 언덕)　　　　　　　- (아래) 바이칼 호수 삼형제 바위

유라시아 알타이의 길, 한민족 DNA

- (위) 바이칼 호수 고인돌

- (아래) 바이칼 호수 칭기스칸 탄생지로 추정되는 부르한 바위

러시아 바이칼호수 알혼섬의 부리야트족

- (위) 바이칼호수 부리아트족 마을 (동명성왕이 조각된 토리이) - (아래) 한복과 비슷한 부리아트족 샤먼 여인 복식

유라시아 알타이의 길, 한민족 DNA

- 바이칼 호수 인근 마을 장승

3장

몽골 홉스굴
차탕족 순록 마을과
몽골 샤먼

홉스굴 호수에
얽힌 전설

옛날 옛적에 용왕이 홉스굴 호수를 만들고 싶어 했다. 그래서 용왕은 홉스굴로 들어오는, 100명이나 되는 강의 신들을 불러 모았다. 그런데 도착한 강의 신들을 헤아려 보니 99명만 온 것이었다.

결국 1명이 모자라 완전한 호수로 만들려는 용왕의 계획은 실패로 돌아가고 말았다. 유일하게 단 하나의 강줄기만 홉스굴에서 빠져나간다. 그 강의 이름은 용왕의 부름을 거절한 강의 신 '에끄인 골'이다.

13세기에 세계 제국을 건설한 몽골은 1270년 고려를 정복한 후 고려왕조를 패망시키는 대신, 쿠빌라이 킨은 고려 충렬왕을 자신의 부마로 삼기까지 했다. 몽골 제국에서는 보기 드문 사례이다.

몽골 부족은 10세기 이전에는 역사에 나타나지도 않았고, 10세기에야 몽골이라는 이름이 역사에 나타난다. 1162년 칭기즈칸이 태어날 당시 몽골고원에는 타타르 부족, 케레이트 부족, 나이만 부족, 메르키트 부족, 몽골 부족 등 5개의 큰 부족이 있었고 코리 투마트 부족, 오랑카이 부족 등 작은 부족들이 있었다. 타타르 부족, 나이만 부족, 케레이트 부족은 투르크족에 속한다.

메르키트족의 명칭은 말갈에서 나온 것 같다. 몽골 현지를 답사한 한국의 탐사가들은 메르키트족이 살던 지역에서 나온 발해의 유적을 보고 놀랐다고 한다. 발해는 고구려 유민과 말갈족이 건국한 나라다. 고구려족이나 말갈족이 따로 있는 것이 아니라 모두 부여족에서 나왔다. 고구려는 "우리는 부여에서 나왔다."고 명언하고 있었다. 고구려는 고오리, 즉 성읍(城邑)을 뜻하는 말이고, 말갈은 말을 키우는 마을을 뜻하는 지방 행정 군사 조직이라는 학설도 있다.

칭기즈칸 시대에 쓰인 몽골의 정사인 『몽골비사』에서 칭기즈칸이 자신의 처인 부르테를 납치한 메르키트 부족을 공격하려 할 때 메르키트 부족이 화해를 청하며 "우리는 태생이 하나가 아닌가. 우리는 가까운 혈족이 아닌가?"라고 탄원하는 장면이 있다.

이제 몽골족에 대해서 언급할 차례다. 몽골고원에 살던 메르키트족은 말갈족이라는 말을 했다. 이제 좀 더 폭을 넓혀 생각한다면 몽골도 말갈에서 기원한 것은 아닐까. 저 고대에는 민족 개념이 희박했다고 볼 수 있다. 유목(遊牧)하는 북방 민족들은 민족 개념보다는 왕조 국가를 중심으로 뭉쳤다.

몽골의 예를 보자. 칭기즈칸이 몽골고원을 통일하고 1206년 국호를 '야케 몽골 울루스'로 선포하고 몽골고원에 거주하는 모든 부족을 몽골인으로 부르면서 몽골 민족이 탄생한 것이지 원래 몽골 민족이 있었던 것이 아니었다.

바이칼호 인근 부리야트족은 크게 네 개 종족으로 이루어져 있다. '볼가드'와 '에하리드', '훈고드르', 그리고 우리가 주목해야 할 '코리'가 있다. 부리야트의 많은 학자들은 코리족과 고려는 뿌리가 같다고 주장한다. 그리고 부리야트인들은 부여에 맞닿아 있다는 설이 있다.

여러 종족의 명칭들과 관련해서 한 가지 짚고 넘어갈 게 있다. 부리야트, 케레이트, 메레키트 같은 명칭들 중에서 맨 끝에 붙는 몽골어 '트'

는 복수형을 의미하며 종족 명칭이 된다. 부리야트는 '부리야(부여) 사람들', '케레이트는 케레이(겨레) 사람들'을 의미한다. 즉 '트'는 우리말의 '들'에 해당한다.

부리야트, 즉 '부리야 사람들'이라는 음가를 살피면 부여와 맞닿아 있다. 많은 학자들의 견해에 따르면 부여는 불여, 부루, 불휘 등을 음차한 것이다. 그 원래의 뜻은 늑대를 의미한다. 고대 투르크어로 늑대는 '뵈르'이다. 부여, 불여, 불휘, 부리야, 뵈르가 늑대를 지칭하는 말임을 짐작하게 한다.

지금도 중앙아시아의 많은 국가들이 늑대의 자손임을 자랑스레 얘기한다. 러시아 시베리아 남부 하카시아공화국의 하카스인들은 자기네 조상이 이마에 푸른 별이 새겨진 늑대라고 여긴다. 『신당서』를 보면 "부여의 유민들은 옛 북부여 땅에 '투막루'를 세웠다."라는 구절이 있다.

늑대를 숭상한다는 전제로 보면 부여의 유민들은 옛 북부여의 땅은 물론 서진해서 중앙아시아 쪽으로 넓게 퍼져 나갔을 것이다. 또 부여에서 주축을 이루던 말갈족들은 몽골의 주된 세력이 되지 않았을까. 또 그들이 분파를 이루어 부리야트의 여러 부족뿐 아니라 널리 더 퍼져 나가 다른 갈래의 부족들을 이루지 않았을까.

'모든 몽골인의 어머니'인 알란 고와는 칭기즈칸의 10대 선조인데 코리 투마트족이었다. 여기서 '투만'은 두만강을 뜻하기도 하지만, 주몽은 금성을 의미하는 투만을 한자어로 음차한 것으로도 본다.

여기서 광개토대왕비를 살펴볼 필요가 있다. 그 비문 안에서 몇몇 이름들을 주목하면 상고사의 단초(端初)를 찾을 수 있게 된다. 고대 북방 민족들은 하늘과 밀접하다고 생각했다. 바로 천손(天孫) 사상이다. 광개토대왕비 비문에는 한자로 표기한 음차 이름들이 많다. 이 음차 단어들은 북방에 흩어져 각 민족에서 조금씩 변이를 일으키지만, 그 어원을 밝힐 수 있는 실마리다.

고구려의 시조 주몽을 예로 보자. 주몽은 추모, 중모, 토모, 도모 등 다른 이름으로 기록된다. 그리고 한자 표기로 동명성왕(東明聖王)이다. '동명'은 투르크어 '투만'을 음차한 것이라고 주장하는 학자들이 있다. 국가를 다스리는 직위인데 지역에 따라 발음상 편차를 보이지만 이는 금성을 의미한다. 지금도 몽골 남자 이름 중 '철먼'이라는 이름이 있다. 애칭은 '처머'라고 하는데 금성(金星)을 뜻한다.

금성을 투르크어로 부르면 바로 '졸본'이다. 광개토대왕비에는 '홀본'이라 표시된다. 지금도 러시아 사하공화국 야쿠트어에선 금성을 '촐본'이라 부른다. 키르키스어로는 '쫄본'이다. 몽골과 인접한 러시아 투바공화국의 투바어로는 '숄반'이고, 카자흐어로는 '숄방'이다.

이에 관한 흥미로운 주장이 있어 소개한다. 김정민 박사는 고대인들이 금성을 태양의 자식으로 본다고 주장한다. 태양과 달이 겹치고 난 다음 금성이 뜬다. 그래서 금성은 천손의 상징이 되면서 북방의 여러 국가에서 이를 사용하는데 주몽이 그 대표적인 예이다. 앞에서 언급한 금성의 여러 발음을 음차하면서 주몽이 되었지만, 근원은 천손 사상을 강조하는 것이다. '졸본', '홀본', '철먼' 등의 음차 표기가 '주몽'이라는 김정민 박사의 주장은 눈여겨볼 대목이다.

광개토대왕비의 고구려 2대 유리왕을 놓고도 음차(音借)된 '유리'는 '누르' 또는 '누리'로 '빛'을 뜻한다. 그래서 일본에서는 '유리왕'을 '누리왕'이라 부른다. 3대 대무신왕은 몽골어의 '테무진'이 음차(音借)되었다는 주장도 흥미를 끈다. 역사를 보면 이런 천손 사상들은 약간의 변이를 보이지만 알타이, 몽골, 한반도, 일본에까지 분포되어 있다.

알란 고와[阿蘭乞哥]와 전설의 남자 3명의 아들을 몽골의 '황금 씨족'이라고 하는데 칭기즈칸은 막내 보돈차르의 9대손이다. 몽골 부족이 10세기에 갑자기 등장한 것은 요나라에 의해 멸망한 발해와 관련이 있다.

'요사(遼史)'에 의하면 발해 멸망 후 발해 유민의 반란이 심해지자 요나라는 발해 유민을 오늘의 몽골 남부인 시라무렌강, 랴오하강 등으로 강제 이주시켰는데, 강제 이주시킨 발해인의 탈주가 계속되었다.

몽골이 말갈에서 나왔다고 주장하는 몽골의 학자도 있으며, 한국에서도 이런 주장을 하는 몽골 전문가가 있다. 알란 고와의 코리 투마트 부족이 고구려 발해의 후예라면 칭기즈칸 역시 고구려 발해의 후예라고 말해도 큰 무리는 없지 않을까?

- 바이칼호 딸찌 타이가 자작나무숲
  고대 선사마을 장승

: 차간노루
가는 길

이번 몽골 북부 차간노루 행은 폭설과 강추위로 노면이 미끄러워 어려운 여행길이다. 그러나 '유라시아 알타이의 길'을 따라 강행군을 거듭하고 있다.

올해는 정말 열심히 오지 여행을 다녔다. 체력이 바닥이 났다. 몸무게가 8킬로나 빠졌다. 겨우내 원기 충전을 하고 날이 따뜻해지는 내년 봄부터 다시 유라시아의 몽골계 소수 민족을 찾아서 여행은 계속할 것이다.

그동안 중국 내몽고, 동북 3성 사천성 및 티베트, 중앙아시아 카자흐 우즈벡, 러시아 바이칼 알혼섬 부리야트족, 칼미크 공화국, 볼가강 일대, 몽골 알타이, 그리고 드디어 홉수굴 차간노루 차탕족이다.

차탕족 마을로 가기 전, 오늘은 게스트하우스 다인실에서 취침한다. 마을 설산 풍경이 난생처음으로 가장 아름답다. 나무로 새를 만들어 단 솟대와 12지(支) 자축인묘(子丑寅卯)…의 동물을 모신다. 익숙한 풍경이나. 몽골 홉수굴은 정말 한겨울, 산에는 눈이 많이 내렸다.

차간노루 민박집을 찾아 밤늦게 마을에 도착하니 그곳 출신 청년이 걸어서 마중 나왔다. 그런데 한국말을 유창하게 잘한다. 한국에서 목회 공부를 수년간 하고 다시 고향으로 돌아와 선교 생활을 한다고 했다. 마을 전체 가구 수가 수백 호 남짓한데 대부분 샤머니즘과 불교를 믿는다. 그곳에서 기독교 선교가 잘될까, 의문이 든다.

이 민박집 정문 양쪽 기둥에 새 한 마리 날아와 앉으면 영락없이 한

- 차간마을 가는 길

유라시아 알타이의 길, 한민족 DNA

- (좌) 바이칼호수 체르스키 전망대 고대 장승과 (우)딸찌 타이가 자작나무숲 선사마을 장승, 한반도 장승과 너무도 닮았다.

몽골 홉스굴 차탕족 순록 마을과 몽골 샤먼

국에서 자주 볼 수 있는 솟대다. 이 마을 주민들도 몽골계 소수 부족인 다르하드족이다. 이 차간노루 마을 주위로 기막힌 풍경이 펼쳐진다.

동쪽은 만년 설산 산맥으로 풍경이 사시사철 절경이고, 서쪽은 짙게 든 단풍색이 퇴색해 늦가을 풍경을 연출한다. 힘들게 도착해서일까, 알타이 만년 설산보다 더 아름답게 느껴진다.

- 차간마을 입구 / 12개 전통 움집에는 12간지가 표시되어 있다.

- 차간마을 입구의 오색천을 감싼 움집, 몽골 어워(성황당)에 오색 천을 감싼다.

- 차간마을 입구 / 새를 숭상하는 샤먼을 새겨 놓았다.

- 차간마을 입구 / 바위에 말을 탄 무사가 보인다. 옆은 샤먼일까?

– 차간마을 문 토리이에 앉은 까치. 나무로 된 새가 아니어서 살아 꿈틀대는 솟대 같다.

유라시아 알타이의 길, 한민족 DNA

- (위) 차간마을 앞 입구

- (아래) 차간마을 다르하드족 게르

- 설산의 양떼들

- 순록을 키우고 사는 차탕족 숲속 마을 입구

죽은 말의 시체를 먹는 독수리 떼

드디어 차탕족이다. 내일은 눈 덮인 숲속 차탕족과 함께 움집에서 자며 밤에 치르는 샤먼 의식을 촬영한다. 홉스굴은 몽골 샤머니즘의 본산이다. 지금도 이 지역에는 많은 샤머니즘 의식이 치러진다.

차탕족을 찾아 나서는 차를 운전한 이는 성이 '밧소흐' 나무꾼이고 이름이 '나란 바타르'라 한다. 몽골어로 태양을 뜻한다. 나무꾼과 선녀 설화가 차탕족에도 있다고 해서 귀가 쫑긋했다. 몽골 홉스굴의 차탕족을 촬영하려면 최소 며칠을 같이 보내야 한다. 날씨가 영하 30도까지 떨어졌다. 이맘때 홉수굴 기온은 보통 영하 30~40도를 오르내린다.

몽골 북부 홉스굴, 민가와 270킬로미터 거리의 타이가에 사는 차탕족은 몽골인과는 다르게 투르크계다. 몽골 북쪽 투바(현재 러시아연방 투바공화국)에서 이주해 왔다고 알려져 있다.

'차탕'이란 뜻은 '순록을 쫓아다니는 사람' 또는 '순록을 가진 사람'이다. 그만큼 차탕족과 순록은 떼려야 뗄 수 없다. 순록을 키우면서 문명과 동떨어진 깊은 숲속에서 상고시대부터 내려온 자신들만의 방식을 고집하며 살아가고 있다. 달나라와 화성에 우주선을 쏘아 올리는 시대, 전 세계가 인터넷으로 모두 연결되는 초현대 문명의 시대에 그런 문명과는 동떨어져 수천 년 이어온 전통을 고집하며 살고 있는 차탕족은 언제 사라질지 모르는 무척 귀한 존재다. 현재 3백여 명 가량이 함께 공동체 생활을 하는데 혈연이 같다.

러시아와 몽골 국경지대에 사는 이들은 러시아 군대에 쫓기면서도 몽골 국적을 고집하다 총살을 많이 당하여 그 숫자가 무척 줄었다는 말을 들었다. 지구 온난화에 따른 기후 변화와 개발 등으로 순록을 키우는 이들의 삶이 과거와 달라지고 있다. 순록 가죽은 차탕족의 주 수입원이다. 여름이면 홉스굴로 오는 여행객을 상대로 순록 뿔로 만든 수공예품을 팔거나, 또 순록을 배경으로 한 사진을 찍게 하거나 간단한 음식을 팔면서 유목 생활과 병행하고 있다.

순록 뿔은 그 위에 조각하거나 그림을 그려 파는 관광 상품이 되기도 하지만 샤먼들에게는 다른 곳으로 이동할 때 갈 곳을 알려주는 중요한 도구가 된다. 샤먼은 순록 뿔을 모닥불에 태워 그 모양을 보고 정착할 방향을 정해 이동한다. 현재 차탕족 사람들은 한여름이 되면 생계를 위해 60킬로미터나 떨어진, 호수가 있는 차간 마을로 나와 상품 등을 팔다가 겨울이 되면 다시 자신들이 사는 타이가로 돌아간다.

이들은 움집 비슷한 '오르츠'라 부르는 텐트에서 생활한다. 인디언 텐트나 시베리아 툰드라에서 순록을 기르는 네네츠족의 이동식 가옥 '춤'과 같은 형식이다. 예전에는 지금의 천 대신 순록 가죽을 천막처럼 씌웠다. 영하 40도 한겨울에는 얼마나 추울까? 인간의 한계를 뛰어넘는 극한의 삶이다.

차탕족은 오르츠마다 순록들 뿔의 소유를 밝히기 위해 색색의 줄로 표식을 한다. 오전 9시경 순록 떼가 묶은 줄을 풀어주자 설산 쪽으로 깊이 들어간다. 뒤이어 차탕족 남자가 말을 타고 순록들을 따라간다. 해가 질 무렵 차탕족 움집인 오르츠로 돌아온 순록들을 도망가지 못하도록 나무에 줄로 묶어 놓는다. 순록들은 한 무리가 되어 밤을 지새운다.

- 이른 아침 순록을 몰고 나갔다가 늦은 오후 들어오는 차탕족

- 순록을 키우며 상고시대 삶을 살아가는 차탕족

- 아침 해가 뜨면 줄에 묶은 순록 떼들의 목줄을 풀고 방목을 한다.

- 줄에서 풀린 순록 떼들이 눈 덮인 설산을 향하여 뛰어가고 있다.

- 동이 트면 목동이 순록 떼들을 몰고 눈 덮인 설산을 향해 순록을 타고 가고 있다.

- 순록을 키우는 숲속 오르츠에서 전통 방식으로 살아가는 차탕족

유라시아 알타이의 길, 한민족 DNA

- 팔려고 모아 놓은 순록뿔

- 순록의 가죽을 벗겨서 벽에 붙여 건조시키고 있다.

몽골에서는 샤머니즘을 '보우'라고 부른다. 흉노 이전부터 시작되어 몽골 제국 시대를 거쳐 지금에 이른다. 샤먼의 의식행위를 보우루흐라 하고, 남자 샤먼은 자이랑, 여자 샤먼은 오뜨강이라 칭한다. 물론 몽골에서 이런 의식이 가장 활발하게 많이 행해지는 곳은 홉스굴이다. 몽골 샤머니즘의 가장 큰 특징은 하늘 신 숭배, 즉 텡그리 숭배다. 물론 종족마다 샤먼 의식에 차이가 있다.

밤새 샤먼 굿을 촬영했다.

이번 차탕족 사진 작업의 백미는 보름달 뜬 밤에 행해진 샤먼의 굿을 촬영한 것이 최대 수확이다. 비디오와 사진으로 샅샅이 담았다. 샤먼이 노루 가죽으로 만든 큰북을 두들기며 2시간여 굿을 하였다. 이 샤먼은 현재 62세인데 후계자가 없단다. 그의 굿은 바깥세상에 처음 공개되는 것이라는 말을 들었다. 그가 차탕 마을의 마지막 샤먼인 셈이다.

- 숲속의 동물들이 먹지 못하도록 순록의 고기는 나무 위에 올려놓고 천막으로 덮는다.

- 차탕족 마을에도 도리이가 있다.

:   몽골 차탕 마을의
마지막 샤먼

타이가에서 순록들과 함께 사는 차탕족은 자신들의 삶을 자연에 순응하며 살도록, 또 자꾸 줄어드는 종족의 번영을 기도한다. 지구의 기온 변화가 진행되고 환경이 바뀌면 차탕족은 이 숲속을 떠날 수밖에 없다.

이 샤먼은 영혼이 들어왔다가 나갔다가 북을 두드리며 1시간 넘게 자신들의 종족 유지를 기원하는 굿을 하였다. 세계문화유산에 등재되어야 할 중요 무형문화 유산이다. 그날 밤 샤먼들과 모두 함께 잠을 잤다.

차탕족이 사는 깊은 산속의 하늘 위로 보름달이 떴다. 한국의 밤하늘에도 보름달이 떠 있을 것이다. 정적을 뚫고 멀리서 늑대 울음소리가 들린다. 늑대인지 개인지 잘 구분되지 않는 마을의 개들이 부산스레 움직이는 소리가 난다. 마을로 들어올 때 늑대만 한 개들이 무리를 지어 다니는 것을 봤다. 늑대와 맹수로부터 순록을 보호하는 개들이다.

- 카페트 앞에는 죽은 동물 사체가 있다. 샤먼 의식에 따라 죽은 동물을 제단에 바친다.

- 차탕족 샤먼의 5년산 순록을 잡아 그 가죽으로 만든 북.

- 샤먼이 북을 손질하고 있다. 습기를 난로에 말려야 소리가 잘 나온다.

- 차탕족 시베리아 샤먼이 굿을 준비하고 있다. 향나무를 태워서 연기로 잡신을 내쫓는다.

- 차탕족 샤먼이 굿을 시작한다.

- 차탕족 시베리아 샤먼의 모자.

- 샤먼이 늦도록 북을 두들기며 차탕족 조상의 영혼과 대화를 하고 있다.

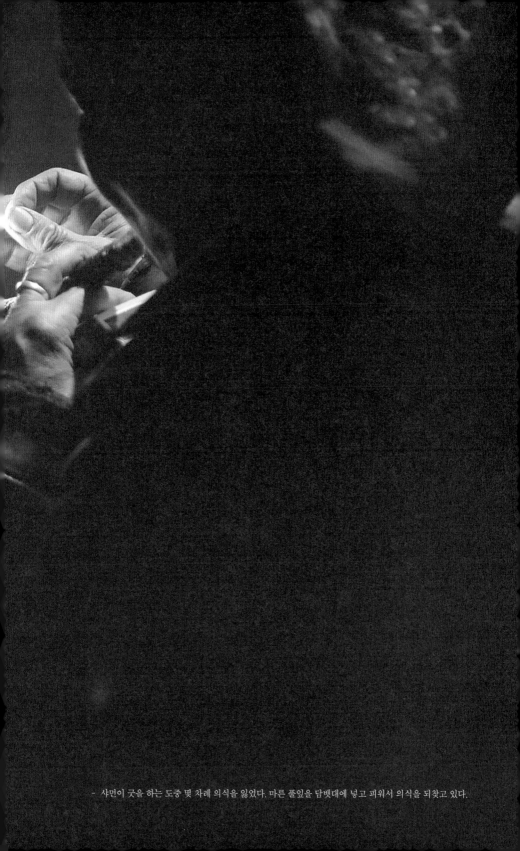

- 샤먼이 굿을 하는 도중 몇 차례 의식을 잃었다. 마른 풀잎을 담뱃대에 넣고 피워서 의식을 되찾고 있다.

차탕족 시베리아 샤먼에게
영이 찾아들자
좌우로 몸을 흔들고 있다.

샤먼의 좌우 흔듦은
영혼의 들숨 날숨이다.

- 차탕족 시베리아 샤먼에게 영이 찾아들자 좌우로 몸을 흔들고 있다.

- 차탕족이 사는 차간 마을 설산에 보름달이 떴다.

춥고 미끄러운 빙판길이지만 차탕족의 진솔한 삶을 담기 위해 무리를 하며 2박3일 차를 타고 달려왔다. 목표했던 차탕족의 깊은 삶을 담았다. 먼 미래에도 보존해서 남길 역사의 한 획을 긋는 중요한 오지 소수 민족의 삶을 기록하였다. 타이가에서 순록들과 더불어 살아가는 차탕족과 함께 보내면서 진솔한 그들의 삶을 담아낸 게 무척 기쁘다. 진정한 사진 예술은 그 현장에서 자신의 예술혼을 담을 순간을 포착하는 것이다.

다음은 시베리아 각지에 있는 무구(巫具)들과 샤먼들의 모습이다

- 시베리아 샤먼 기록사진(크라스노야르스크 향토박물관)   - 시베리아 샤먼 복장(노보시비르스크 향토박물관)

- 알타이 샤먼 복장(고르노-알타이스크 향토박물관)   - 알타이 샤먼 북(고르노-알타이스크 향토박물관)

- 사슴 형상의 무구(노보시비르스크 향토박물관)

- 아마르바야스갈란트 사원 가는 길, 하늘의 구름이 버섯구름 같다.

:　　　아마르바야스갈란트
　　　　사원

러시아산 푸르공, 러시아에서는 이 차를 우아직이라 부른다. 오지와 험
지를 다니는 승합차다. 이 차를 타고 아침 7시부터 다음 날 새벽 1시까지
약 850킬로미터가량을 주행했다. 바이칼호 남단 러시아와 몽골 국경 인
근 사람들이 거주하지 않은 산골에 5세기경 세웠다고 추정하는 폐허 같
은 낡은 궁이 있다고 해서 호기심이 일었다. 그런데 궁이 아니라 사원이
란다. 아마르바야스갈란트 사원. 그리로 향하는 중이다.

- 아마르바야스갈란트 사원 가는 길에서 만난 적석총

- 묘비 바위에 라마교 기호가 새겨져 있다.

아마르바야스갈란트 사원 인근 초원의 양떼 목동

- 아마르바야스갈란트 사원 인근 초원의 양떼

- 아마르바야스갈란트 사원, 양식이 중국 동북 3성 만주형 궁 양식이다.

아마르바야스갈란트 사원. 셀렝게 아이막 바롱부렝 솜에서 북쪽으로 40킬로미터 떨어진 이 사원은 청나라 황제가 몽골 불교 지도자인 장마바자르를 기념하기 위해 세웠다. 몽골의 이름난 불교 수도원 중 하나이다. 아마르바야스갈란트 수도원은 마이트레야(미륵불)를 주불로 모신다.

이 사원은 몽골이 소련의 영향을 받을 때 파괴를 피한 소수의 수도원 중 하나였으며, 그 후에 중앙 구역의 건물들만 남아 있다. 많은 승려가 공산당 정권에 의해 처형되었고, 조각상 및 불경을 포함한 수도원의 유물은 약탈을 피하지 못했지만, 일부는 다행히 보존되었다.

무엇보다 아마르바야스갈란트 사원은 라마교 건축양식이 아니고 왕궁 양식이라 눈길을 끈다. 용 모양 양식의 처마, 퇴색했어도 금색이 남

- 아마르바야스갈란트 사원. 건곤감리 태극 기호가 화로 하단에 새겨져 있다.

- 아마르바야스갈란트 사원, 양식이 중국 동북 3성 만주형 궁 양식이다.

- 단양 온달성 고구려 세트장, 몽골 아마르바야스갈란트 사원 입구 벽과 비슷하다.

- (위) 아마르바야스갈란트 사원, 벽의 장식이 용 문양이다.   - (아래) 고구려 왕궁 입구 벽의 장식이 용 문양이다.

유라시아 알타이의 길, 한민족 DNA

- 아마르바야스갈란트 사원, 왕궁인데 사찰로 개조를 하였다.

- 아마르바야스갈란트 사원, 왕궁인데 사찰로 개조를 하였다.

— (위) 아마르바야스갈란트 사원, (왼쪽 아래) 심양 소재 청나라 황궁과 구조가 똑같다.

— (왼쪽 아래) 심양의 청나라 왕궁, 고구려 왕궁 양식이다. (오른쪽 아래) 한국 단양의 고구려 왕궁 세트장과 비슷하다.

아 있는 문양, 건곤감리 태극 문양이 대형 화로에 조각되어 있다. 18세기에 라마교 사원으로 개보수했다고 한다.

몽골에서는 17세기에 세운 만주 지방 형식의 왕궁이라 하는데 이곳이 워낙 오지라 세워진 시기가 잘못 전해진 것은 아닐까 싶다. 어쩌면 아마르바야스갈란트 사원은 그보다 오래전 궁으로 세워졌는데, 그 건립 시기는 잘 모르다가 17세기에 이르러 라마교 사원으로 사용하기 시작한 그 연대를 건립 연대로 알고 있는 것은 아닐까, 그런 추측을 해본다.

건축양식을 보면 만주 형의 왕궁 양식이다. 좀 더 거슬러 올라가면 고구려 왕궁 양식도 비슷하지 않았을까. 불쑥 단양 온달성에 재현해 놓은 고구려 세트장이 떠올랐다.

티베트 불교 전파는 당나라 태종의 딸 문성공주가 불경을 가지고 차마고도를 올라가 토번족의 송첸캄포 왕에게 시집가면서 티베트 불교가 생겼다고 알려져 있다. 고선지의 아버지인 고사계는 고구려가 멸망한 뒤 중원(中原)으로 이주당하여 하서군에 종군했다. 고선지도 안서도호부에서 20세에 유격장군에 등용되었으며, 741년 톈산산맥 서쪽의 달해부가 당에 반기를 들고 북상하자, 고선지는 2천의 기병을 이끌고 토벌에 나서 진압하였다.

토번족을 제압한 후 고구려 유민들과 토번족은 카라코람산맥을 넘어서 페르시아 대군과의 탈라스 전쟁에서 패한다. 고구려 유민들은 토번족과 함께 오랜 기간 살면서 동화된다. 티베트의 가융장족은 한민족 풍습과 유사점이 많다. 세월이 많이 흐른 후 몽골은 칭기즈칸 시대에 티베트 불교를 받아들여서 현재 몽골의 국교가 된다.

칭기즈칸의 모친은 바이칼호에서 살아왔고, 바이칼호의 부리야트족은 고구려 유민 말갈족으로 추정하기도 한다. 그렇다면 몽골이 불교를 받아들인 이유가 고구려 유민이라는 동질감에서 비롯된 것은 아닐까?

청나라 만주족은 고구려 유민 말갈족이다.

만주와 과거 한반도 북부에 거주했던 북방 퉁구스계 반농 반수렵 민족. 현재는 중국의 소수 민족이 그 후손이다. 한국사에서 자주 등장하는 말갈족-여진족의 후신으로, 중국에서는 만주족 대신 만족이라는 말을 많이 쓴다. 이는 만주족이라는 이름은 만주라는 영토를 만주족이라는 특정 민족의 몫으로 두는 느낌이기 때문이란다.

더불어 만주라는 말도 만주국 때문에 지금의 중국에선 잘 쓰지 않고 현재는 동북 3성이라는 말을 주로 쓴다. 동북 3성은 고구려 영역이었고 현재도 거리 및 간판은 한글 표기가 많다.

만주족이나 전신인 여진족을 몽골이나 중앙아시아 민족들처럼 유목민족이라고 알고 있는 경우가 많은데, 여진족과 만주족의 영역은 만주 삼림 지역이었기 때문에 유목보다는 농업과 수렵에 집중했던 수렵채집민이다. 물론 내몽골과 맞닿은 만주 서쪽에 사는 퉁구스계 민족들은 유목 생활을 하기도 했다.

말갈이란 스스로가 자칭했던 종족 이름이 아니라 당이나 고구려 중앙에서 도성 중심의 시각으로 고구려 변방인들을 멸시해서 이민족으로 부른 호칭이었다고 보는 시각이 많다. 당이 발해를 말갈이라 하였던 것은 중국 측의 신당서에 대조영을 속말말갈이라 하고 있기 때문인데, 사실 이 구절을 가장 직관적으로 해석하면 대조영 가문이 말갈족 출신이라는 의미지만 다른 의미로는 폄하(貶下)하려는 의도도 엿보인다.

왕조시대의 국가관은 주로 수도 중심으로 고구려 평양 사람의 입장에서 동쪽 변방 시골 사람들을 이민족처럼 폄하하여 말갈로 부른 것 같다. 대조영이 속말말갈이란 것도 그가 고구려 변방의 속말부 출신이란 뜻으로 해석하기도 한다. 결국 속말말갈로 불리는 이들도 고구려인이었고, 훗날 발해인이 된다.

4장

몽골
울란 톨고이
암각화

몽골 홉수굴은 정말 한겨울, 벌써 산에는 눈이 많이 내렸다. 오늘은
사슴 비석으로 유명한 무룽으로 촬영을 간다. 무룽은 홉스굴 아이막의
중심지인데 이곳에서 조금 벗어나면 우식인 우불 사슴돌 유적지가 있다.
사슴돌 유적지로 가장 유명한 곳이다. 사슴돌 유적지 주위로 넓게 퍼진 초원
곳곳에 적석(積石) 무덤들이 분포된 고분군이다.

몽골 암각화의 보고
울란 톨고이

암각화 제작연대는 추정하기 어렵다. 연대측정은 방사성탄소측정법을 주로 사용하는데, 돌은 탄소 성분이 없으므로 그림의 형태를 보고 제작 시기를 짐작만 할 수 있다.

　몽골의 암각화는 사슴을 비롯한 동물 그림이 대부분이다. 제작연 대는 기원전 12,000년 전부터 기원후 5세기까지, 새겨진 그림 형태를 보고 연대를 추정한다. 우리나라 암각화도 제작연대를 그림의 형태를 보고 추정한다. 방패형, 검파형 암각화는 청동기, 초기 철기시대에 제작 한 것으로 추정하고 동심원, 성혈, 윷판형 기타 암각화는 기원후 5세기 전후로 추정한다.

　몽골 알타이 지역에서도 가장 접근하기가 힘들었던 경우는 중 국, 러시아, 카자흐스탄 국경과 인접한 울란 톨고이 지역의 암각화들 이다. 2011년에 유네스코 세계문화유산에 등재된 선사시대(기원전 11,000~6,000년 사이)와 기원전 1,000년 스키타이 시대의 유물이다.

　이번 몽골 알타이 암각화 여행에서 가장 먼 곳으로 어렵게 물어물어 길을 찾아가서 도착한 그곳의 암각화들은 여러 시대 다양한 흔적으로 남 아 있었고, 거대한 바위에 산재해 있는 그림들은 미처 다 헤아리기 어려 울 정도로 많은 양이었다.

몽골 알타이는 고대 암각화의 보고다. 몽골의 다른 지역에서 발견하기 어려운 수렵도 및 말 탄 사람들, 인물상들이 새겨져 있다.

우리나라의 암각화는 대부분 경상도 지역에 분포하고 있는데 그 내용은 철기 부대의 상징인 검파형, 방패형 암각화가 대부분이다.

반면 반구대 암각화에서는 고래들과 사슴 및 호랑이 외 동물들과 사람들이 암각(岩刻)되어 있는데 그 그림의 형태와 암각 새김 형태가 놀랍게도 몽골 알타이 암각화와 유사하다.

몽골의 암각화에서 사람을 표현한 그림은 정말 귀하다. 나는 이 기마형 그림을 보고 무척 놀랐다. 한국에서 사람 형태의 그림이 암각된 곳은 울산 반구대암각화와 천전리 각석 두 군데뿐이다. 반구대암각화가 먼저일까? 아니면 몽골 알타이 암각화가 먼저 제작한 것인지 알 수는 없으

- 울란 톨고이 암각화는 삼면이 산으로 병풍이 되어 바람을 막아주는 길지에 자리 잡았다.

- (위) 울란 톨고이 암각화 　　　　　　　　　 - (아래) 울란 톨고이 암각화, 마차를 모는 사람

유라시아 알타이의 길, 한민족 DNA

나 전체 그림을 비교해 보면 그 시기가 비슷한 것 같다.

　　우선 호랑이, 표범, 사슴 그림 암각 새김 형태가 서로 똑같았다. 다만 반구대 암각화는 고래 그림과 고래를 사냥하는 사람들 모습이 새겨져 있고, 몽골 암각화는 낙타, 사슴, 양떼들 그리고 마차 바퀴 수레 모습이 새겨져 있는데 이런 차이는 당시 암각화의 주인공들이 살던 지역적 특성을 말해준다.

　　알타이에는 상고시대 1만 2천 년 전부터 새겨진 암각화 군이 세 군데가 있다. 두 군데는 고대 암각화로 사슴과 동물들이 암각되어 있고, 나머지 암각화는 동물들뿐 아니라 낙타 탄 사람, 차륜(車輪) 바퀴로 이동하는 사람, 사냥하는 사람들이 수없이 새겨져 있다. 연대는 그림의 모양으

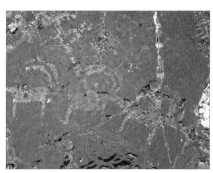

－ 울란 톨고이 암각화, 순록

－ 울란 톨고이 암각화, 말을 타고 사냥하는 사람

－ 울란 톨고이 암각화, 활쏘는 사람

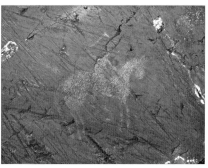

－ 울란 톨고이 암각화, 말 타는 사람

로 추정하건대 바퀴 그림이 있는 것으로 보아서 청동기 시기인 우리 고조선 시기에 해당되는 것으로 추정된다.

사슴, 호랑이, 표범, 낙타, 소, 말, 그 외 사냥하는 사람들이 수없이 바위 전체에 암각이 되어있다. 우리나라 암각화 군(群) 40여 개소를 모두 답사 촬영했던 나는 직감적으로 이곳들이 우리나라 암각화의 시원이라는 생각을 했다.

다음에는 드론 및 탁본을 가지고 가서 정밀한 촬영과 자료 수집을 해야겠다고 생각했다. 몽골의 역사 유산뿐 아니라 솔롱고 무지개 나라 한국의 역사 유산이기도 하기 때문이다.

다시 우랄 알타이의 길 위에 서서 이번 작업의 기획 의도를 되새긴다. 길 위에서 만나는 사람들, 유적들을 앞에 놓고 나는 우리 근원인 예맥족과 어떤 연관이 있을까, 또 문화적인 친연성은 무엇일까, 계속 찾는 중이다.

우리 한민족은 알타이족 또는 예맥족으로 불린다. 중앙아시아와 몽골 그리고 만주에 거주하는 모든 인종을 일컫는다. 예족(후에 말갈족도 여기에 해당)은 알타이와 바이칼 일대에 사는 고대 부족이고, 맥족은 내몽골 홍산 일대의 고대 부족으로 보는 견해들이 있다.

그렇다면 우리나라 건국 신화에 나오는 환웅이 동굴에서 곰과 호랑이에게 마늘과 쑥을 주고 단군 탄생을 시험하는 스토리는 예족과 맥족의 결합을 상징적으로 표현한다는 추론이 가능하다.

사진의 순록을 탄 사람 암각화는 알타이의 고대 선사인 예족 지역에 있다. 예족이 남하하여 정착한 곳이 신라와 가야 그리고 일본 규슈이다. 우리나라 동해안의 삼척, 경주, 포항, 울산에 암각화 군이 몰려있는 것은 예족의 이동 경로를 말해준다. 고대인들이 암각화라는 그림을 새겨서 후대인들에게 타임캡슐로 전해주었다.

알타이의 암각화와 한국의 반구대암각화 제작연대를 비교해볼 필요가 있다. 고르노 알타이 칼박타쉬의 청동기 후기 제작 암각화 군과 반구대암각화의 그림 구도 및 활을 쏘는 사람들 암각 그림은 매우 유사하다.

알타이는 아시아 문명교차로의 산악지대이다. 그리고 이곳에서 한국의 암각화 모습을 수없이 발견한다. 거기다 순장 묘와 석인상을 수없이 촬영하였다. 알타이에서 몽골, 강원도, 경주, 울주, 그리고 일본까지 이어지는 유사한 유적들. 전에도 일본 규슈의 암각화와 석인상들을 촬영했다.

이번에 답사하면서 그같이 유사한 유적들을 남긴 문화 주체는 비슷한 전통과 문화를 영유한 사람들, 즉 우리와 같은 조상이라는 점을 유추해 보았다. 따라서 우리가 고대사를 대하는 시야를 넓혀야 한다.

한반도 중심으로만 파악한다면 고대사를 밝히고 복원하는 작업은 요원할 것이다. 그래서 나는 그 시야를 넓히는 중이다. 현장을 꼼꼼히 답사하여 그 물증을 남기는 작업을 나는 '다큐의 힘'이라 불러본다.

- 몽골 울란 톨고이 암각화가 새겨진 바위

- 몽골 울란 톨고이 암각화가 새겨진 바위산 전경

– 몽골 울란 톨고이 암각화가 새겨진 바위산 전경

- (위) 울란 톨고이 암각화, 마차 바퀴   - (아래) 울란 톨고이 암각화, 말 타고 가는 사람

유라시아 알타이의 길, 한민족 DNA

- (위) 울란 톨고이 암각화: 순록을 탄 사람   - (아래) 알타이 아랄톨고이 말타고 사냥하는 암각화

- (위) 울란 톨고이 암각화, 표범과 사슴 사냥 수렵도　　　　　- (아래) 울란 톨고이 암각화, 얼룩 낙타

유라시아 알타이의 길, 한민족 DNA

- (위) 울란 톨고이 암각화, 사슴　　　　　　　　　- (아래) 울란 톨고이 암각화, 멧돼지

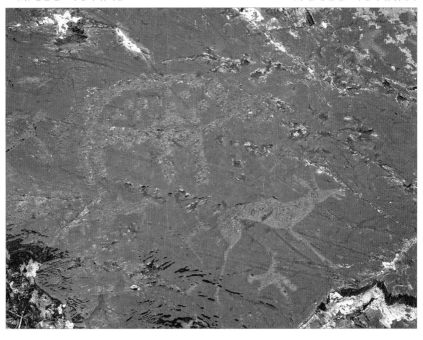

- (위) 울란 톨고이 암각화, 조랑말 타고 가는 사람 ─── - (아래) 울란 톨고이 암각화, 낙타 타고 가는 사람

유라시아 알타이의 길, 한민족 DNA

- (위) 큰말과 사슴

- (아래) 동물 군락

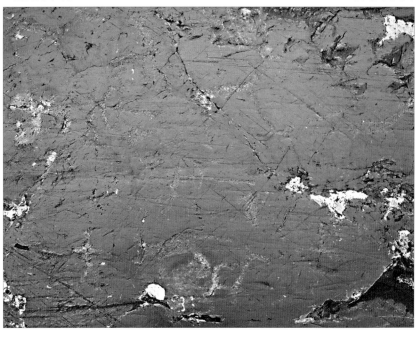

- (위) 몽골 알타이 울기시 시립박물관, 동심원 암각화   - (아래) 몽골 알타이 울기시 시립박물관, ??

유라시아 알타이의 길, 한민족 DNA

- 몽골 알타이 울기시 시립박물관, 여수 오림동 전투하는 사람들과 유사한 암각화

– (위) 중국 내몽골 고조선 적봉 지가영자유적 암각화 – (아래) 중국 내몽골 고조선 적봉 지가영자유적 표범 암각화

유라시아 알타이의 길, 한민족 DNA

- (위) 중국 내몽골 고조선 적봉 삼좌점 사람 얼굴 암각화 - (아래) 중국 내몽골 고조선 적봉 삼좌점 성혈 암각화

5장

한반도의
암각화

: 한반도
암각화의
분포

우리나라의 암각화는 울산 천전리 암각화와 울산 대곡리 반구대 암각화의 발견을 시작으로 경북 영주시 가흥동, 경북 안동시 수곡리, 경북 포항시 칠포리, 경북 포항시 인비리, 경북 영천시 보성리, 경북 경주시 석장동, 경북 경주시 상신리, 경북 고령시 양전리, 경북 고령시 안화리, 경남 함안군 도항리, 경남 남해군 양아리, 전북 남원시 대곡리, 전남 여수시 오림동 등 대부분 경상도 지역에 분포되어 있다. 우리 암각화는 대체로 강을 바라보는 산의 바위 절벽이거나 강 옆이 아니더라도 강에서 그리 멀지 않은 곳에 새겨져 있다.

암각화 대부분이 검파형, 방패형, 성혈이다. 북방형 암각화와 유사한 새김 및 형태 방식이 반구대암각화이다. 사슴과 호랑이 등 동물 암각화 외 사냥하는 사람들 형태와 새김 방식이 몽골 알타이와 내몽골 삼좌점과 지가영자 유적의 암각화와 매우 유사하다.

북방 기마민족이 남하하여 신라, 가야를 건국할 당시 암각화도 함께 유입된 것으로 추정된다. 청동기시대 북방 민족은 청동 칼과 청동거울, 곡옥을 부족장의 무덤인 고인돌 아래에 묻었다. 청동 칼과 방패 형태인 검파형과 방패형을 새긴 암각화가 신라와 가야 지역인 경상도에서 대부분 발견된다.

선사시대 사람들은 왜 암각화를 새겼으며, 왜 그 위치에 새겼을까?

암각화 내용이 다양함에도 불구하고 모두 하천이나 바다와 연결된

산의 바위 절벽에 새겨졌다는 것은 암각화가 같은 목적으로 만들어졌음을 의미한다. 암각화 유적지는 주술적, 종교적 제의를 실행하던 신성한 장소다. 알타이 등 다른 지역에서도 마찬가지로 추정한다.

암각화가 새겨진 바위 면의 밑에는 대부분 약간의 평평한 공간이 있는데, 암각화 앞에서 어떤 의식을 행하는 데 필요했던 공간으로 보고 있다. 선사인들은 종족이나 개인의 성공적인 사냥, 풍부한 사냥감, 농작물의 성장과 풍작, 날씨, 다산의 기원 등이 신성한 존재에 의해 지배된다고 생각했으며, 신성한 존재와 연결되기 위해서는 특별한 의식과 기원행위를 해야 했다.

암각화가 햇빛을 받을 수 있는 동쪽이나 남쪽을 향하고 있는 것은 농경에 매우 중요한 태양에 대한 기원과 관련되고, 산과 강을 접하고 있는 것은 수렵과 어로의 성공과 풍요를 기원한 것과 관련된다. 암각화는 이와 같은 제의의 과정에서 새겨진 것으로 파악된다. 종교적이고 주술적인 목적 속에 새겨진 암각화는 당시 선사인들의 생생한 생활상의 기록이다.

- 울산 대왕암 일출

울산 대곡리
반구대

울산시 울주군 언양읍 대곡리에 연고산의 한 자락이 뻗어 내려와 이곳에 와서 멎으면서 기암괴석으로 절정을 이루는데, 마치 거북이 넙죽 엎드린 형상이므로 반구대(盤龜臺)라 하는데, 오랜 역사와 아름다운 경치를 자랑한다.

여기에 선사시대 유적인 국보 제285호 반구대 암각화가 있다. 두동면 천전계곡(川前溪谷)으로부터 흘러내리는 옥류가 이곳에 모여 호반을 형성하니 절승가경(絶勝佳景)으로 이름이 높다. 그래서 옛날부터 경향 각처의 시인 묵객들은 이곳을 찾아 시영(詩詠)으로써 경관을 즐겼다고 한다.

신라 때는 화랑들이 명산대천(名山大川)을 찾아다니면서 고귀한 기상을 기르고 심신을 단련하던 때에, 이곳에 와서 훈련하고 야영 생활을 했으며, 또 고려 말의 포은 정몽주(圃隱 鄭夢周), 조선 초기의 회재 이언적(晦齋 李彦迪)과 한강 정구(寒岡 鄭逑) 등 삼현이 이곳에서 명시를 남기고 향민들을 교화하였다. 그래서 반구대 아래의 소구(小丘)인 포은대(圃隱臺)에는 이 삼현의 행적을 기록한 반고서원 유허비와 포은대 영모비가 세워져 있고 또 맞은편에는 중창한 반구서원이 있다. 이 서원은 숙종 38년(1712년) 세 선생의 학문과 덕행을 추모하기 위해 세워진 것으로 이들의 위패를 모셨다.

울산공업단지가 설정된 1960년대 중반 공업용수를 위하여 범서읍(凡西邑) 사연(泗淵)에다 반구천(盤龜川)의 하류를 막아 사연댐을

축조하자 집수(集水)로 수위가 높아져서 귀중한 암면각화가 수중에 잠기고 말았다.

1995년에 국보 제285호로 지정된 대곡리 암각화는 평상시에는 수면 밑에 있다가 물이 마르면 그 모습을 보인다. 그 크기는 가로 약 8m, 세로 약 2m이고, 조각은 암벽 밑에까지 부분적으로 퍼지고 있어, 밑에서부터 암각화 상단 선까지의 높이는 3.7m쯤 된다. 다른 하나는 상류의 천변에 있는데 국보 제147호로 지정되어 있다. 반구대 암각화는 선사시대 최고의 걸작이다. 이처럼 유서 깊고 귀중한 고고학적 자료가 있다는 것은 자랑할 만하다고 하겠다.

십여 년 동안 나는 매년 반구대 암각화를 촬영하기 위해 대곡천을 찾았다. 신라 최치원을 비롯한 여러 선인이 바위에 바둑판 줄을 그어놓고

- 울산 반구대 암각화가 있는 대곡천

- 울산 반구대 암각화가 있는 대곡천

- 울산 반구대 암각화가 있는 대곡천, 겸재 정선이 이곳을 배경으로 그림을 그렸다.

- 울산 반구대 암각화가 있는 대곡천

한시를 논하며 신선처럼 거하였던 신비한 계곡이었고 도처에 공룡 발자국이 남아 있다. 조선시대에는 정조대왕의 명을 받고 겸재 정선(鄭敾)이 이곳을 찾아 두 점의 산수화를 남겼다.

현재 집청정 정자에는 그 유명한 경주최씨 직계 후손이 살고 있고, 2천 년 동안 대곡천을 찾았던 여러 문인의 대곡천 풍광을 보고 남긴 한시가 남아 있다. 몇 줄을 읽어보니 눈물이 핑 돈다. 귀경하자마자 그간 십여 년 촬영물을 모두 모아놓고 사진 선별작업에 착수했다. 내년 출판을 목표로 하고 있다.

신비로운 수백만 년 대곡 계곡의 풍광과 반구대, 천전리 암각화의 깊은 속살과 2천 년 역사 선비들의 한시를 더불어 엮으면 우리나라 중요한 고대 역사 풍경 작품집이 될 것 같다.

대곡리 바위그림은 천전리 바위그림과 함께 1970년 동국대학교 불적조사단이 불교 유적의 조사를 위해 이 지역을 답사하는 과정에서 확인되었다. 1984년 처음으로 바위그림 내용이 보고서를 통해 총 191점의 형상이 소개되었고, 이후 1998년 탁본 내용을 분석하여 25점의 형상이 추가로 소개되었다. 그리고 2000년 울산대학교 박물관에 의해 바위그림의 보존대책을 마련하기 위한 자료채록의 일환으로 실측 조사가 이루어졌다. 그 결과 모두 296점의 형상이 보고되었다.

바위그림의 내용은 동물상이 193점으로 고래, 사슴, 돼지, 거북, 조류, 어류 등으로 분류되며, 인물상은 총 14점으로 전신 모습이 12점, 얼굴 모습이 2점이다. 도구상은 배〔船〕 5점, 울타리〔柵〕 2점, 그물〔漁網〕 2점, 무기류(武器類) 1점 등과 알 수 없는 문양이 총 78점이다.

다양한 종류의 고래와 함께 동물류가 사실적으로 표현되어 있는데 수렵(狩獵)과 어로(漁撈) 활동을 묘사하고 있는 듯하다. 그리고 울타리가 표현되어 있는 점으로 보아 가축(家畜)을 사육했음을 묘사한 것으로 보인다.

반구대 암각화는 표현 대상의 내부를 모두 쪼아낸 면 쪼기(面刻, 모

－ 울산 반구대 암각화

두 쪼기) 기법과 윤곽만을 쪼아낸 선 쪼기(線刻) 기법으로 새겨졌다. 바위그림의 배치상태를 보아 4개 군으로 나누어 볼 수 있다.

왼쪽 첫째 군은 대부분 면 쪼기로 구성되어 있다. 맨 윗부분에는 사람의 입상이 있는데 두 팔을 올려 기도하는 듯한 자세로 앞으로 뻗은 성기가 뚜렷하다. 인물 왼쪽에는 사지를 벌린 바다거북 3마리를 묘사한 것으로 추정되며, 인물 아래쪽에는 고래로 추정되는 물고기 16마리 내외가 머리를 위로 하고 있다. 이 고래들은 위에서부터 점점 작아지는 크기로 묘사되어 있다.

또한 10여 명의 사람을 태운 배가 있다. 선 쪼기 그림으로는 고래 그림 위쪽의 왼쪽으로 그물에 걸린 짐승과 그 아래에 꼬리가 긴 짐승이 묘사되어 있다. 면 쪼기 고래 그림 아래 오른쪽에는 79cm 크기의 대형 고래 한 마리가 앞서 고래들과는 달리 배를 위로한 체 머리를 아래로 향해 그려져 있다.

둘째 군은 면 쪼기 고래 그림의 오른쪽 아래에 있는데, 호랑이와 표범을 안에 둔 목책(木柵)이 선 쪼기 수법으로 묘사되어 있다. 목책 아래에는 노루와 암사슴 등이 원래 새겨져 있던 고래 위에 새겨졌고, 사슴 위에는 뿔난 짐승이 새겨져 있다. 이들 육상동물 오른쪽으로는 고래와 그 아래에 육상동물 4마리가 면 쪼기 수법으로 새겨져 있다.

셋째 군은 전체 그림의 가운데 부분으로 면 쪼기와 선 쪼기 기법으로 구성되어 있다. 면 쪼기로 새긴 오른쪽 상단에 10여 명을 태운 배 모양의 그림과 그 아래에 물개로 추정되는 좌·우의 바다짐승, 위를 향해 헤엄치는 큰고래, 가늘고 긴 목과 불룩한 배를 가진 사슴 모양의 짐승, 이들 사이에 흩어져 있는 개로 보이는 작은 짐승, 성기를 내민 상태로 춤추는 듯한 사람, 악기를 들고 있는 듯한 사람, 성기를 드러낸 채 한 손을 허리에 갖다 댄 사람 등이 있다.

선 쪼기로 새겨진 그림으로는 셋째 군의 상단 왼쪽에 위아래로 나란히 그린 두 마리의 호랑이가 교미하는 듯한 형상으로 묘사되어 있고, 그 아래 왼쪽에는 바로 선 자세의 호랑이 그림이 있다. 그 아래에는 X-ray 화법으로 그린 멧돼지 그림으로 몸통 안의 내장 부분이 묘사되어 있는 듯하다.

넷째 군에서는 면 쪼기 그림으로 상부 오른쪽에 교미하는 듯한 육상 짐승 2마리와 이보다 작게 그려진, 아래로 향해 헤엄치는 고래 2마리, 그 아래 왼쪽으로 위아래로 배치된 꼬리 긴 짐승, 왼쪽 위를 향해 헤엄치는 고래 1마리, 짐승들 사이에 작게 그려진 사람 등이 묘사되어 있다.

선 쪼기 수법으로는 넷째 군 상단 왼쪽에 꼬리가 긴 줄무늬의 짐승 1마리, 가로·세로로 줄무늬가 있는 사슴, 다시 그 아래에 수직으로 선 짐승과 사슴 각 1마리가 그려져 있다. 하단 오른쪽에 역삼각형의 윤곽에 눈, 코, 입이 그려진 사람 얼굴과 몸에 여러 줄이 그려진 고래가 있다.

> **울산 천정천의 반구대 암각화를 본다**
> **고래는 새끼 고래를 품고 가기도 하고**
> **포경선의 작살을 맞기도 한다**

(…)

몇 천 년도 더 된다는 반구대의 고래여

돌로 새겨져서도 우리에게 말하는 생명이여

나는 그 영혼을 받아 내게 옮긴다

– 윤후명의 시 「암각화의 고래」 중에서

신석기시대 고래사냥

패총유적에서 출토되는 다량의 해양 포유류 뼈는 해안가에 거주했던 당
시 사람들이 어패류 이외에 고래 같은 대형 바다 동물도 직접 포획하였

– 고래 포경 장면, 장생포고래박물관

음을 알려준다. 특히 부산 동삼동, 울산 신암리, 황성동, 서포항유적 등 남해와 동해안의 여러 유적에서 출토되는 많은 양의 고래 뼈는 연안으로 접근하는 고래를 직접 포획했음을 보여준다. 당시 사용된 대형 작살의 존재, 사실적으로 묘사된 반구대 암각화의 포경 모습, 동삼동패총의 전 문화층에서 출토되는 다량의 고래 뼈들이 그 증거이다.

　　연안으로 접근하는 고래나 돌고래를 몰이 어법이나 대형 작살 등 원시적 도구와 방법으로 포획하는 신석기시대 고래사냥은 오랜 해양 활동을 통해 축적된 어로 기술로 충분히 가능하다고 본다. 신석기시대 포경의 증거는 2010년에 울산 황성동 유적에서 발견되었는데, 기원전 4,000년 전후하여 골제 작살이 박힌 채로 출토된 고래 견갑골과 흉추가 그것이다.

　　동삼동패총에서 다양한 종류의 고래 뼈가 전 시기에 걸쳐 출토된다는 사실은 직접 사냥한 고래를 유적에서 해체하였음을 보여주는 증거라고 할 수 있다.

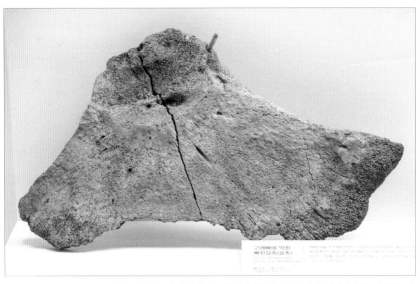

- 황성동 유적 고래 뼈에 박힌 골촉(화살촉은 사슴 발가락뼈, 신석기시대), 울산박물관

반구대 암각화와 알타이공화국 암각화의 형식, 구도, 형태가 놀랍게도 똑같지 않은가? 반구대암각화 제작연대를 앞당겨야 할 듯하다. 이번 '유라시아 알타이의 길'을 기획하며 내내 내 머리를 떠나지 않는 게 있다. 바로 예족의 발자취다. 시베리아와 몽골, 알타이로 뻗어나간 예족 중 한 갈래가 경주 인근에 정착하여 반구대암각화를 남긴 것은 아닐까?

- 울산 해안의 고래

- (위) 울산 반구 대암각화 파노라마

- (아래) 천전리 각석

- 울산 반구대 암각화

유라시아 알타이의 길, 한민족 DNA

- 몽골 울란 톨고이 암각화

: 울산 천전리
암각화

울산 대곡리 반구대암각화에서 2km 떨어진 곳에 천전리 암각화가 있다. 1970년 문명대 동국대 교수가 발견해서 처음으로 알려졌다. 국보 제147호다.

두 암각화의 공통점은 역시 성스러운 제단이었다는 점. 이에 대해 전문가들은 암각화 주변에 의례를 행할 수 있는 너른 터가 있고 하천이 흐르고 있다는 점을 꼽고 있다.

차이점이라면 문양에 있다. 반구대 암각화는 묘사력이 으뜸이다. 모두 쪼기 기법으로 조각된 바다짐승과 선 쪼기 기법으로 조각된 육지 동물의 특징이 묘사되어 있다. 그러나 대상물의 특징을 단순화 또는 강조하거나 과장된 면이 있어 표현주의 양식에 가깝다고 한다.

반면 천전리 암각화는 일부 동물 문양과 신라시대 명문, 선각 그림을 제외하면 대부분의 조각이 기하학적 문양이다. 문양은 암면을 상하로 크게 이등분했을 때 주로 상단부에 있다. 종류로는 원 문양, 동심원 문양, 소용돌이 문양, 마름모꼴 문양, 물결 문양과 직선 등이며 여성의 표식도 새겨져 있다. 이러한 묘사는 개념화된 사물을 상징적으로 표현한 기하학적 미술 양식이며, 인간의 사유를 기초로 새겨진 문자이자 추상주의 양식의 미술이다.

그렇다면 언제 만들어진 것일까?

신석기부터 청동기시대까지 다양한 주장이 있는데 고조선으로 보고 있다. 한반도의 청동기시대가 기원전 3,000년에서 기원전 2,000년 전후라고 한다면 고조선의 후국에 속한 진한이 한강 이남에 광범위하게 자리 잡고 있었고 그 진한의 중심 세력 중 한 부족이 천전리 암각화를 새겼다는 것이다.

특히 천전리 암각화에 새겨진 기하학적 문양을 고조선의 문자로 해석한 점이 주목을 끈다. 기호들이 여러 번 다양한 패턴으로 반복되는 것을 볼 때 이는 메시지를 전하는 문자 역할을 했을 것으로 추정했다. 근거로는 태양을 상징하는 동심원인 겹둥근 무늬에 있다. 암각화에는 겹둥근 무늬가 10여 개가 있는데 가장 크고 뚜렷한 태양 문양이 중심부에 있다.

문 교수는 "태양숭배의 중심으로 볼 수 있다."라며 "대표적인 태양숭배족인 한 부족이 태양숭배의 제단으로 사용했을 가능성이 있다."라고 피력했다.

경상북도 유형문화재 제249호로 지정된 칠포리 암각화는 201번지와 334번지 해안도로 변의 곤륜산(崑崙山) 일대에 분포하고 있다. 이곳의 암각화는 3개소에 걸쳐 있다. 본래의 위치로 생각되는 곳에 있는 암각화 그림은 돌출된 암석 위에 새겨진 본래의 위치에 있는 것 같고, 계곡에 떨어진 그림이 새겨진 바윗덩이는 원위치에 있었던 것이 분리된 것으로 생각된다.

전에는 물이 흘렀을 것으로 보이는 터 옆 바닥에 드러난 암각화는 암면(巖面)의 풍토작용 때문에 많이 마모되어 있다. 암석은 굵은 사암(砂岩)이고, 그림은 지상에 돌출된 바윗덩이의 서쪽으로 향한 면에 쪼아 새겼다.

앞쪽에는 평탄한 터가 만들어져 있는데, 역시 제단이나 의례 장소였던 것으로 추측된다. 각화가 있는 바윗덩이의 크기는 원위치에 있는 것이 폭 3m, 높이 1.8m인데, 이 바윗덩이는 서쪽으로 향한 면에 6개의 같은 모양 그림이 전면(全面)을 채우고 있다.

계곡 아래쪽에 떨어진 바윗덩이는 폭 1.4m, 높이 2.2m의 크기이며, 역시 서쪽에 2개의 같은 형태의 그림이 있다. 20m 떨어진 지점에 있는 바위그림은 작고 완성이 덜 된 상태이다. 모두 성혈을 새겨두고 있다.

전체 형태는 가운데가 좁고 상하가 벌어지는 실패 모양의 도안으로, 대전 괴정동에서 출토된 방패형 청동기와도 유사하다. 기본 구도는 영주 가흥리 암각화와 같다. 청동기시대의 작품으로 추정할 뿐 내용이나 유래는 확인할 수 없다.

암각화라는 캔버스에 펼쳐낸 선사 이야기

문화예술관광 연구소
대표 이기우

반구대암각화는 단기간에 한 번에 다 그려진 것이 아니라 장기간의 시대를 거치면서 축적된 암각화이다. 축적이 거듭되면서 원시 그림의 반구대 암각화보다 늦게 이루어진 천전리각석은 사물의 그림이 기호화된 이미지를 사용하였다. 따라서 대곡리와 천전리의 '반구천의 암각화'의 시대적 변천은 공간과 시간에 따라 형성된 암각화 특성을 보여준다. 프랑스 암채화는 쇼베 퐁 다르크 동굴에, 스페인 암채화는 알타미라 동굴에 있고, 포르투갈 코아 암각화는 코아 계곡에, 몽골 암각화는 고원지대에, 러시아 백해 암각화는 백해 인접한 곳이 선택되어 새겨져 있다. 알타미라와 라스코 동굴 벽화는 좁은 동굴에 단편적 그림을 그릴 수밖에 없는 환경이다. 몽골 암각화, 코아 암각화가 듬성듬성 거리를 두고 새겨졌다. 이에 반해 신석기 시대 반구대 암각화는 대곡리와 천전리에 걸쳐

넓은 환경을 아우르면서 지역적 경승의 요소들이 암각화를 새기는 환경적 요소를 제공해 주었다.

천전리각석은 신석기 시대 중기 중반경에 시작한 원시 암각화에 이어서 신라시대, 조선시대에 이르는 금석문을 남겼다. 반구대와 집청정을 찾은 조선시대 선비들은 한시(漢詩)를 남겼다. 전호태(2023)는 "가장 친숙하게 여겨지던 바위가 마음을 전하고, 그것이 기억되게 하는데 제일 좋은 캔버스였던 까닭인지도 모른다. 바위에 사람의 흔적이 남게 된 건 바위가 인간 역사의 부분임을 의미한다."라고 했다. 동남부 암각화가 평지나 기슭에 새겨져 단편적인 기하 문양을 남긴데 반하여 반구천의 암각화는 암면을 가득 채운 게 특징이다. 이는 성실성, 집요함, 장인 정신, 생활성, 집단의 지속성, 연구성, 의도성, 일관성, 연계성 등의 과정에서 빚어낸 결과물이자 바위에 새긴 역사이다.

암각화에는 새끼를 돌보고 있는 귀신고래와 거북이와 함께하는 선사인이 새겨져 있다. 암각화를 조각한 이들은 바다와 육지에서 만난 동물들의 기억을 떠올리며 형상화했다고 본다. 어떤 이는 고래를 새기기 시작했고, 다른 이는 사슴과 호랑이를 그렸다. 이 시리즈는 수많은 과정을 거쳐 정리되었고 결국 현재의 암각화로 이어졌다. 반구대 암각화는 개인의 작품이 아니라 오랜 세월에 걸쳐 많은 사람들이 조각한 것으로 여겨진다. 적어도 초기에 암각화를 새긴 사람들은 서사적인 스토리텔링 요소로 그림을 그리지 않았던 것 같다. 소소한 이야기를 담고 있다가 점차적으로는 보는 사람의 입장에서 공동체의 공통 관심사로 이야기를 엮어내려는 축적의 과정으로 여겨진다.

선사인 공동체는 고래와 교감하고 숭배했으며, 좌초경(坐礁鯨)이나 표착경(漂着鯨)을 주로 먹었다. 이를 조선시대까지는 득경(得鯨)이라 했다. 고래의 각종 부위와 뼈, 기름 등은 선사인의 도구나 연장으로 사용되었으며, 풍요를 주는 덕을 부여하는 요소였다. 반구천 사람들이 해신(海神)인 고래를 본 것을 제의적으로 남길 수 있었다는 것이다. 선사 당시 토착 원주민 외에 바다를 건너온 세력에 대해 연구하는 것은 한계가 있다. 반구대 암각화는 신석기 시대 이후 수천 년 동안 하나의 암면에 표현되어 오랜 시간 동안 새겨져 왔다는 점에서 특정 공간에 집중된 지역적 가치를 지닌 것으로 여겨진다. 이런 점에서 고래를 따라 울산만에 유입되어 정착했거나 토착민이 끈질기게 새긴 것으로 판단된다.

- 울산 천전리 암각화

- (위) 울산 천전리 암각화 파노라마 　　　　　　　　　　　 - (아래) 울산 천전리 암각화, 사람 얼굴

- (아래) 울산 천전리 암각화, 고래

- 울산 천전리 암각화

유라시아 알타이의 길, 한민족 DNA

- (위) 울산 천전리 암각화
- (아래) 울산 천전리 암각화, 고래

신라 문무왕이 죽은 후

호국용이 되어 동해를 지키다가

오십천으로 뛰어들 때

죽서루 옆 바위를 뚫고

지나갔다는 〈용문바위〉

- (위) 삼척 죽서루 용문바위, 강원도 삼척시 성내동   - (아래) 울산 천전리 암각화

- (아래) 삼척 죽서루 용문바위 별자리 성혈

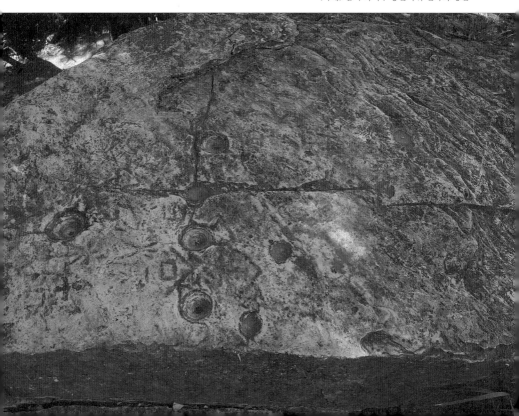

- 포항 칠포리 암각화

유라시아 알타이의 길, 한민족 DNA

- (위) 포항 칠포리 암각화

- (아래) 포항 칠포리 성혈

6장

강원도 동예국은
동쪽의 예족이다

: 동해안의 동예국을
아시나요?

이번 작업의 중심은 결국 '예(濊)'족이다. 그 자취를 따라 유라시아에서
부터 흔적들을 찾아다녔다. 잠시 '예'를 내세운 한반도의 고대국가를 잠
깐 언급할 필요가 있을 것 같다.

예국(濊國)은 동해안을 따라 경상도 북부에서 함경도 남부 지역 일
대에 있던 나라다. 예(濊)의 일족으로 동예(東濊)라고도 한다. 처음엔 독
립된 사회였던 것으로 생각되지만 후에 위만조선과 한사군의 지배를 받
았다. 동예는 스스로 고구려와 같은 종족으로 생각했으며, 제천 행사인
무천(舞天)과 호신(虎神) 숭배의 풍습이 있었다.

『삼국지(三國志)』동이전(東夷傳) 예전(濊傳)에 따르면 "예(濊)는
남쪽으로는 진한(辰韓)과 북쪽으로는 고구려·옥저와 닿았고, 동쪽으로
는 큰 바다에 닿았다. 오늘날 조선의 동쪽이 모두 그 땅이다. (濊南與辰韓
北與高句麗沃沮接 東窮大海 今朝鮮之東 皆其地也)"라고 했다.

『삼국유사』권1 기이1 마한조에 보이는 예국(濊國)은『삼국지(三國
志)』「예전(濊傳)」에 보이는 예(濊)이며,『삼국지(三國志)』「예전」과 「고
구려전」에서는 ㅅ예(濊)를 동예(東濊)라고도 하였다.『삼국사기』권1 신
라본기1 남해 차차웅 16년조에는 오늘날의 강원도 강릉 또는 함경남도
안변으로 추정되는 "북명(北溟) 지역의 사람이 밭을 갈다가 예왕(濊王)
의 인장을 얻어 바쳤다(春二月 北溟人耕田 得濊王印獻之)."는 내용이 나

온 덕분에 동예의 보다 구체적인 위치를 확인할 수 있다. 『삼국유사』권1 기이1 마한조에서도 명주(溟州, 지금의 강릉)가 동이(東夷)의 한 갈래인 예국(穢國)의 땅이었다고 밝힌다.

경상북도 영일군 신광면에서도 "진솔선예백장(晉率善穢佰長)"이 새겨진 도장(銅印)이 발견된 바 있다. 이를 통해 예족의 분포지역이 의외로 넓었다는 것을 확인할 수 있다. 보통 중국의 동북 지방에서 한반도에 걸쳐 거주하던 예(濊)와 한반도 동해안 방면에 거주하던 예(濊)를 구분하기 위해 동예(東濊)라고 한다. 동예에 관한 가장 오래된 기록은 3세기 중국에서 편찬된 『삼국지(三國志)』「동이전」으로, 이때의 동예는 선진(先秦) 문헌에 보이는 예맥(濊貊)에서 예(濊)로 구분된다.

『삼국지(三國志)』동이전(東夷傳) 예전(濊傳)은 동예의 문화를 알려주는 중요한 내용들이 실려 있다.

"동예인들은 스스로 고구려와 같은 종족이라는 생각을 가지고 있었다(其耆老舊自謂與句麗同種)."라는 대목이 나온다. 이 때문인지 고구려와 같은 10월에 제천 행사인 '무천(舞天)'을 열었다. 무천은 가을에 여러 곡식의 결실을 맞이하여 하늘에 제사를 지내는 수확의례라고 할 수 있다. 이때 사람들은 "밤낮으로 술을 마시며 노래를 부르고 춤을 추었다."고 한다. 또한 책화(責禍)라는 것이 있어 다른 부락을 함부로 침범하면 벌로써 생구(生口 : 포로나 가축)와 소·말을 부과하였다. 특산물로는 바다표범 가죽, 과하마(果下馬), 단궁(檀弓) 등이었다.

종교 생활에 대한 기록을 보면, 동예에서 "호랑이를 신(神)으로 여겨 제사했다(祭虎以爲神)."는 것이다. 동예에서는 호랑이를 신(神)으로 여겨 제사했다는 흥미로운 대목이다.

호랑이보다는 곰 숭배가 부각이 된 단군신화와 대비되는 것으로, 여기서 호랑이 신은 읍락을 보호하는 산신(山神)으로 이해된다. 예전

(濊傳)에 나타난 우리나라 사람들의 호랑이 숭배는 오늘날의 민속종교에까지 이어져 오고 있는데, 호랑이의 옛말인 '범'은 그 자체가 신(神)을 뜻하기도 한다.

호랑이와 관련 있는 풍습 중 유명한 게 바로 국가무형문화재 제13호이자 유네스코에 등재된 강릉단오제다. 강릉단오제의 유래는 동예 때부터 시작되었을 것으로 추정된다. 옛날 강릉(명주)에 사는 정씨의 꿈에 마을을 지켜주는 국사 서낭신이 나타나 그에게 딸을 바치라고 한다. 꿈에서도 정씨는 딸이 비록 혼기를 놓치긴 했지만 귀하게 키운 딸을 서낭신에게 바칠 마음이 없었다.

그리고 며칠이 지났다. 담을 훌쩍 뛰어넘어온 호랑이가 딸을 덥석 물고 산속으로 달아났다. 정씨는 마을 사람들을 모아 산속을 헤맸다. 그러다 대관령 서낭당에서 딸을 발견했지만 이미 혼은 없고 몸만 비석처럼 제자리에 꼼짝하지 않고 서 있었다.

화공을 불러 딸의 화상을 그려 붙이니 처녀의 몸이 비로소 제 자리에서 떨어졌다. 이 처녀는 대관령 산신인 대관령 서낭신과 함께 대관령 서낭여신으로 모셔진다. 그리고 호랑이가 처녀를 물어간 음력 4월 15일을 대관령 서낭과 처녀가 혼인한 날로 전해져 이날 전부터 강릉단오제 준비가 시작된다.

정씨의 딸에 얽힌 변형된 다른 사연도 전해진다.

옛날에 부잣집 처녀가 머리를 감다가 호랑이에게 물려갔다. 처녀의 흔적은 어디서도 찾을 수 없었다. 어느 날 동네 사람이 산길을 가다 보니 바위 위에 처녀의 머리만 놓여 있었다. 이 일이 있고 나서 처녀를 호랑이가 물어간 그맘때면 해마다 호랑이는 나무로 변신해서 처녀의 집을 찾아온다는 게 강릉단오제에 얽힌 변형이다. 즉 호랑이가 나무로 변신해서 집으로 내려오는 신화가 강릉단오제의 또 다른 원형이다. 현재 강릉단오제의 대관령 산신은 신라의 김유신 장군이고 대관령국사성황신은 범일국사, 대관령국사여성황은 호랑이에게 물려간 정씨 처녀다.

> 호랑이가 대관령을 내려온다
> 강릉에 장가드는 날
> 처녀는 머리를 감고
> 먼 하늘 밑에서 기다린다
> 돌 위에 오도카니 올라앉은
> 처녀의 머리
> 강릉을 보며 노래한다
> 대관령에서 남대천을 따라 내려온 낭군님
> 님 맞이하려고 돌이 되어 기다린 삶
> 천년만년 지나도 오늘이라네
> 호랑이가 인간의 여자를 만나는 단옷날
> 그날은 언제나 오늘이라네
> ─ 윤후명의 시 「대관령 3」

기원전 2세기 초에는 위만조선에 복속되어 있었다. 그리고 기원전 108년에 한사군이 설치된 이후 현토군과 낙랑군에 속했던 것으로 보이는데, 1958년 평양 정백동 목곽묘에서 발견된 부조예군(夫租薉君)이라는 도장(銀印)은 이때 만들어진 것이다.

이후 동예는 313년 낙랑군이 고구려에 멸망된 뒤부터 고구려의 지배를 받게 되었다. 『삼국지』중「동이전」속「예전」을 보면 대군장이 없다고 기록되어 있다. 그러다 정시(正始) 8년(247)에 위(魏) 조정에 와서 조공하므로 불내예왕(不耐薉王)으로 책봉하였다는 내용이 나온다. 다시 말해 동예는 처음에 왕이 없고 대군장이 다스리는 사회였다. 비록 3세기에 와서 중국의 필요에 따라 왕으로 임명되었으나, 왕은 일반 백성과 구분되지 않은 곳에 살았을 정도로 정치력이 미약했다.

동예가 고구려와 같은 고대국가 단계로 성장하지 못하고 주변 국가에 복속된 이유 중의 하나는 동예 지배 세력의 정치력이 크지 못했기 때문이다.

- 강릉 단오제

- 강릉 단오제

강원도 동예국은 동쪽의 예족이다

- 강릉 단오제

유라시아 알타이의 길, 한민족 DNA

- (위) 강릉 단오제   - (아래) 대관령 산신은 김유신 장군이라 알려져 있다.

강원도 설악산

- 강원도 양양 낙산사

- 강원도 태백 이끼 폭포

강원도 정옥 두타산 쌍폭

– 강원도 설악산 울산바위

- 강원도 울진 월송정

- 강원도 설악산 용아장성 실루엣

- (위) 설악산 울산바위 여명

- (아래) 강원도 설악산 용아장성 일몰 실루엣

- 강원도 태백산 일출

- 강원도 태백산 주목 상고대

- (위) 강원도 태백산 주목 상고대

- (아래) 강원도 설악산 공룡능선

7장

: 신화의
세계로

옛날 하늘에 환인(桓因)이라는 임금이 있었다. 그의 서자인 환웅(桓雄)이 늘 사람들의 세상에 내려가려고 하므로 천부인(天符印) 세 개를 주어 내려가 다스리도록 했다. 환웅은 무리 일천 명을 거느리고 태백산 꼭대기에 있는 신단수 아래 자리 잡고 신시(神市)라고 했다.

환웅은 풍백(風伯), 우사(雨師), 운사(雲師)를 거느리고 곡(穀), 명(命), 병(病), 선(善), 악(惡) 같은 백 육십여 가지 인간의 일을 맡아 다스렸다. 곰과 호랑이가 사람이 되고 싶어 하므로 환웅은 쑥과 마늘을 주고 그걸 먹으면서 여러 날 동안 햇빛을 안 보면 사람이 될 수 있다고 말했다.

쑥 한 자루와 마늘 스무 톨. 삼칠일 만에 곰은 사람이 되고 호랑이는 참다못해 뛰쳐나가 사람이 되지 못했다. 곰이 변해서 된 여자인 웅녀가 아기를 갖게 해달라고 빌자 환웅은 웅녀와 혼인하여 아들을 낳았는데 이 아들이 바로 단군왕검이다. 단궁왕검은 평양성에 도읍하고 나라 이름을 조선이라고 했으며 이어서 아사달로 옮겨가서 천오백년 동안 다스렸다. 그 뒤 장당경으로 옮겼다가 아사달로 돌아와 산신이 되었는데 이때 그의 나이 1,908세였다.

단군은 고조선 때 왕의 칭호였다고 보는 것이 일반적인 견해다. 단군신화의 요체는 천손사상이다. 하늘신의 자손에 의해 고조선이 세워져 왕위가 이어졌다고 보는 게 보편적인 해석이다. 단군은 고려 후기 이후 재해석되고 부활되었는데, 이것은 한국인의 민족의식의 특징적인 면모인 강한 혈연의식의 한 토대가 되었다. 또한 단군신화는 후대에 이르러 여러 변이 과정을 거치며 여러 국가들의 건국신화의 모태가 된다. 단군신화의 중심 천손사상은 환웅이 직접 하늘에서 내려온 환웅과는 달리 이번엔 '알'이라는 매개를 통해 이어진다.

고구려 건국신화다. 동부여의 왕 금와(金蛙)는 아버지인 해부루(解夫婁)가 죽자 왕위에 올라 하백(河伯)의 딸 유화(柳花)를 아내로 삼았다. 그러나 그녀가 천제(天帝)의 아들이라고 하는 해모수(解慕漱)와 가까이 했다는 말을 듣고 골방에 가두었다. 거기서 유화는 알 하나를 낳았고, 그 알에서 나온 것이 주몽(朱蒙)이었다. 주몽은 어릴 때부터 너무 똑똑했기 때문에 대소(帶素)를 비롯한 형들이 죽이려 하므로 도망친 끝에 졸본(卒本) 땅에 이르러 나라를 세웠다. 이 나라가 고구려다. 그러면 다른 나라는 어땠을까.

이번 차례는 신라의 건국 신화다. 경주 지방에 여섯 개 마을 가운데 하나인 고허촌(高墟村)의 촌장 소벌공(蘇伐公)이 양산 중턱에 있는 나정(蘿井) 우물가 숲 속에서 말이 우는 소리를 듣고 찾아가보니 말은 없고 큰 알이 있었다. 그 알 속에서 아이가 나왔다. 키웠더니 열 몇 살에 이미 기골이 장대하고 대인의 기풍이 있으므로 6부 사람들이 그를 임금으로 추대했다. 그가 신라 시조 박혁거세(朴赫居世)이다.

일본 동북쪽 천 리 되는 곳에 있는 나라인 다파나국(多婆那國)의 왕이 여인국 왕녀를 왕비로 맞았는데 임신한 지 칠년 만에 큰 알을 낳았다. 좋지 못한 일이라고 그 알을 버리라는 명령을 받은 왕녀는 알을 비단에 싸서 궤짝에 넣어 몰래 물에 띄웠다. 이 궤짝이 진한(辰韓)의 아진포(阿

珍浦)에 흘러왔다. 한 노파가 건져보니 옥동자가 들어 있으므로 데려다가 길렀는데 키가 9척이나 되고 궤짝을 건질 때까지 까치가 울었기 때문에 까치 작(鵲)자의 한쪽 변을 따서 석(昔)씨라 하고, 알에서 깨어났다고 해서 탈해(脫解)라고 했다. 신라의 남해왕은 탈해가 총명하니 사위로 삼고 대보라는 벼슬을 주었다. 남해의 뒤를 이은 유리는 죽을 때 선왕의 유언에 따라 탈해를 왕위에 오르게 했다.

다시 난생설화를 따라가 보자. 탈해왕이 밤에 금성 서쪽의 시림 수풀 속에서 닭이 우는 소리를 듣고 호공을 보냈더니 금빛의 작은 함이 나뭇가지에 걸려 있고 그 밑에서 닭이 울고 있었다. 왕이 직접 가서 열어보니 잘 생긴 사내아이가 나타났다. 이때부터 시림을 닭이 울었다고 하여 계림(鷄林)으로 고쳐 불렀으며 아이가 금함에서 나왔다고 해서 금(金)씨라고 했다. 그가 김씨의 시조 김알지(金閼智)이다.

이번엔 가야의 건국신화를 살펴보자. 가락(駕落) 지방의 아홉 간(干)이 무리를 이끌고 구지봉(九旨峰)에 올라가 구지가(龜旨歌)를 부르자 하늘에서 알 여섯 개가 든 금함이 붉은 줄에 매달려 내려왔다. 이것을 아도간(我刀干)의 집에 안치해두었더니 다음 날 여섯 동자가 되고 십여 일 뒤에는 어른이 되어 3월 보름에 왕위에 올랐다. 처음 나타난 동자가 수로왕(首露王)으로서 금관가야(金官伽倻)를 다스렸다. 나머지도 각각 다섯 가야의 왕이 되었다.

난생설화는 북방 민족 신화의 특징이다. 또한 동부여의 왕, 금와(金蛙)는 금개구리인데 이에 얽힌 신화의 내용은 알타이공화국에 전해지는 '탄자강'에 얽힌 사연과 비슷한 신화소를 지닌다. 앞에 거론한 신화 속 인물과 관련한 역사적 사실을 살펴보면 다음과 같다.

- (위) 구지봉 선돌 - (아래) 조선 최고의 명필가 한석봉이 쓴 것이라 전해지는 '구지봉석(龜旨峰石)'이라는 명문

- (위) 김해 금관가야 시조 김수로왕릉 홍살문 - (아래) 김해 금관가야 허황후가 인도 아유타국에서 가지고온 파사탑

유라시아 알타이의 길, 한민족 DNA

- (위) 김해 금관가야 시조 김수로 왕릉 ／ - (아래) 김해 금관가야 허황후 묘

－ (위) 부산 금관가야 복천동 고분 앞 알에서 태어나는 김수로왕 벽화

－ (위) 금관가야 복천동 고분 앞 터번 쓴 중앙아시아인의 절을 받는 김수로왕

유라시아 알타이의 길, 한민족 DNA

: 역사
앞에서

박혁거세는 지금의 몽골과 중국 북부인 황하 상류 근처에서 살던 고대민
족인 동호족(東湖族)에서 나온 오환족(烏丸族)이며, 인근의 흉노족에게
크게 패하여 그 무리 중 일부가 혁거세의 아버지인 우거수 지도하에 흉
노족과 전쟁을 피해 만주와 한반도 북부를 거쳐 지금의 서울(서라벌)에
정착하였고, 혁거세 사후 인근(한강 유역)의 백제의 전신인 십제와 평양
근교의 낙랑 등과 다투다가 다시 남쪽으로 이동하여 지금의 충북지방과
경북의 상주를 거쳐 경주로 들어와서 신라를 건국하였다.

결론은 신라의 박혁거세는 흉노족이 아니고 만주의 동호족이다. 동호
족은 선비족과 오환족으로 구분되는데 그것은 거주한 지역에 따른 분류이다.

오환족은 자신들의 선조인 동호족이 흉노족에게 크게 패한 역사적
사실로 다시 흉노에 대적했으나 크게 패하고 뿔뿔이 흩어졌고 그런 오
환족의 한 지파가 혁거세의 아버지인 우거수(군장)였고, 그 우거수가 이
끄는 오환족 무리들이 만주와 한반도 북부를 거쳐 오늘날 서울 근처에
정착했는데 마침 이곳에 고조선 유민들이 여섯 개 부족으로 나뉘어 거
주하고 있었고, 이들과 연합 또는 정복을 통해 서라벌(徐羅伐)이라는 나
라를 세우게 된다.

복잡한 고조선의 갈래를 정리하려면 몇 가지 가설이 있어야 하는데,
우선 고대사 속에서 고조선은 지금처럼 우리가 한반도를 중심으로 한

좁은 공간에 존재한 단일국가로 보아서는 안 된다는 전제다. 오히려 한반도와 만주지방, 몽골, 시베리아, 중앙아시아 같은 알타이 지역에 넓게 자리했던 연방 체제의 고대국가가 아니었을까. 이런 가정이 없다면 고대사에 대해 새로운 해석을 하기는 어렵다.

고조선 후예는 동호, 예맥, 숙신으로 분파되었다고 봐야 하며, 동호는 오환, 선비로 다시 나뉘었다. 선비의 후예가 북위, 연나라, 거란(요나라)을 건설하였으며 거란은 자신들이 고조선의 옛 땅에서 유래했다며 고조선의 여러 전통을 유지했다. 선비족의 군장은 단(檀)씨다. 박달나무 단 자는 단군의 단(檀)자이다. 선비가 고조선의 후예라 볼 수 있는 대목이다. 이렇게 이어지는 선들은 '알타이'라는 공통분모로 모아진다.

우선 신라와 알타이의 관계를 살펴보자.

통일신라를 완성한 30대 문무왕의 묘비는 고대사의 여러 사건을 함축하고 있다. 682년 건립된 이 비석은 1796년경 경주에서 발견돼 청나라 유희해의 '해동금석원'에 탁본이 남아 있고, 서울대에도 탁본이 남아 있으나, 비석 자체는 한때 사라져 버렸다. 이후 1961년 경주 동부동 민가 근처에서 밭일하던 농부에 의해 비석 하단부가 기적적으로 발견돼 국립

경주박물관에 소장되어 있다. 그런데 그 비문에 의하면 신라의 김씨 왕족은 투후(秺候)의 후손이라 한다.

『사기(史記)』에 의하면 지금의 중국 감숙성과 돈황 등 서역 지역을 지배하던 흉노의 휴도 왕이 암살된 후 태자인 김일제 등 일족은 한 무제(漢武帝)에게 포로로 잡혀갔다. 김일제는 노예 신분으로 마부 생활을 하다 한나라 황실에 대한 역모가 일어나자 한 무제를 구하고 반란을 진압하는 데 결정적 공헌을 했다.

무제는 투후라는 관직을 만들어 김일제에게 부여하고, 흉노인들이 금으로 사람을 만들어 하늘에 제사하는 풍습을 보고 김씨 성을 하사했다. 알타이와 직접적인 관련이 있는 것이다. 알타이는 금을 뜻한다. 김씨의 요람은 알타이라고 말해도 좋지 않을까.

신라 고분에서 기마민족의 상징인 동복과 화려한 금관, 페르시아 로마 유리잔, 페르시아 형 장식보검이 출토되는 것은 김씨의 조상들이 중앙아시아 알타이에서 왔다는 뜻이다. 이렇게 해서 김일제는 최초의 김씨가 된 인물로, 문무왕비는 신라 김씨 왕족이 바로 이 흉노인인 투후 김일제의 후손이라고 명백히 밝힌 것이다.

오늘날까지 산동(山東)반도에는 투후 김일제를 조상으로 모시는 김

- 통일신라 초대 왕 문무대왕릉

- 신라 문무대왕비의 '호국룡(龍)' 전설을 간직한 울산 동구 대왕암

씨 집성촌이 남아 있다. 통일신라 문무대왕은 당나라와의 7년 전쟁 끝에 삼국을 통일하였다. 그러나 청천강이남 지역만 점령한 반쪽 통일이라고 우리는 배웠는데 『만주원류고』 및 여러 중국 사서에는 당시 신라는 현재 중국의 동북3성과 심양 일대까지 고구려 땅 전역을 점령한 것으로 기록되어 있다. 만주를 차지하기 위해 당나라와 7년간의 혈투를 벌였던 것이다.

그러나 발해가 해동성국으로 부흥하고 옛 고구려의 전(全) 영토를 차지하는 바람에 통일신라는 만주의 고구려 영토를 잃게 된다. 우리가 알고 있는 통일신라의 영토로 청천강 이남의 땅을 표시한 지도는 만주를 발해에 빼앗긴 이후를 표시한 것이다.

문무대왕의 비문에는 고대사와 관련한 흥미로운 내용이 있다. 바로 투후 김일제와 성한왕에 대한 기록이다. 성한왕은 중국 산동성 하택시 투후국에서 건너온 김일제의 15대손이자 경주김씨의 시조 김알지로 추정한다. 투후 김일제는 한무제(漢武帝)의 자객을 막아서 그 공으로 산동성을 하사받고 후손들은 투국 김씨 집성촌을 이루고 살았는데 한나라 왕망의 난으로 왕망의 외척이었던 김씨들은 한반도 남부로 쫓겨 내려와서 박혁거세와 석탈해의 신라에 정착하여 신라 김씨의 왕가를 이루게 된다.

다시 흉노로 돌아가 보자. 흉노와 관련한 많은 연구들이 있었다. 단재 신채호 선생의 『조선상고사』, 윤치도의 『민족정사』, 행촌 이암의 『단군세기』 등에서는 앞서 기술한 대로 흉노가 고조선의 일부였다고 하면서 흉노와 한민족의 관계를 설파하고 있다. "(고)조선은 흉노의 왼팔"이라는 사마천의 『사기』 등 사서들의 기록 또한 이러한 관계를 암시한다.

흉노가 서쪽으로 이동하자 기마군단의 요람인 몽골 고원을 차지한 것은 선비족이었다. 고대 중국에서는 흉노를 오랑캐라 하여 '호(胡)'라 불렀고, 그 동쪽의 오랑캐를 '동호(東胡)'라 불렀다. 동호가 쇠락하면서 파생된 선비

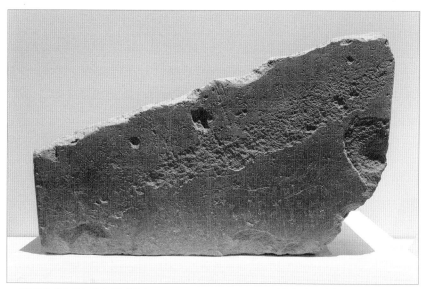

- (위) 문무대왕 비문, 국립경주박물관　　　　　　　　　　　- (아래) 경주 계림 신라왕 김알지 탄생지

신화와 역사 앞에서

는 선비산(대흥안령)과 시라무룬강 유역에서 목축과 수렵 생활을 해왔다.

선비족에서 단석괴라는 인물이 나타나 한(漢)과 연합하여 몽골 고원에 남은 북흉노를 축출하고 AD 156년 몽골 고원에 선비 제국을 건설했다. 단석괴 사후 가비능이 이어받았으나 위(魏)의 자객에게 암살된 후 선비는 분열되어 내몽골에서 할거하게 된다.

이후 선비의 후예 중 탁발, 모용, 우문, 단 등의 지파가 두각을 나타내는데 탁발부는 북위(386~534년)를 건국해 남북조 시대를 열고, 모용부는 연나라(337~409년)를, 우문부는 거란(후에 요나라, 916~1125년)을 세웠다. 요나라 멸망 후에는 중앙아시아에서 동·서 투르키스탄 전역을 지배했던 서요(카라 키타이, 1132~1218년)로 이어졌다. 이렇게 선비는 1,000년 이상 몽골고원, 만주 지역, 중앙아시아 일대에서 세력권을 형성했다.

러시아의 시베리아 지역을 다니며 흥미로운 사실을 알게 되었다. 러시아어에서는 지금도 중국을 키타이, 중국인을 키타예츠라 부른다. 일반적으로 세계에서 통용되는 중국의 영어 명칭 차이나는 중국의 진(秦)나라 명칭에서 유래했다. 키타이는 어디서 왔을까? 키타이는 요나라의 거란족을 일컫던 말이다. 그런데 지금까지 키타이를 중국 전체를 의미하는 나라 이름으로 부르는데, 이는 여러 우려를 낳게 한다. 동북공정이니 하

- (왼) 동복, 말 뒤에 매달고 다니며 콩을 삶아 먹는 솥, 장거리를 달리는 기마민족의 가장 큰 특징   - (오) 수렵도 그림

는 중국의 고대사 왜곡 때문이다.

　중국의 동북3성뿐 아니라 한반도 일부까지 그들의 영토였다는 중국의 주장에 힘을 실어 줄까 염려가 되는 것은 괜한 걱정일까. 분명 키타이는 중국 한족과는 거리가 먼 요나라를 의미했다. 얼마나 그들의 영향력이 대단했으면 지금까지 키타이를 그대로 쓰고 있는지, 고대사의 새로운 해석이 절실하다.

－ (원) 기마인물형토기, 6세기 경주시 노동동 금령총, 국립중앙박물관　－ (오) 기마인물형 토기에 동복이 보인다.

－ (원) 훈족 투구, 4세기 경주 사라리, 국립경주박물관　－ (오) 경주 월성 해자에서 발견된 터번을 쓴 서역계 인물 토우

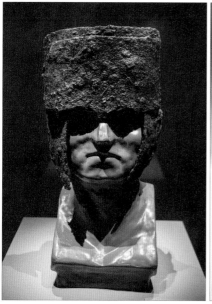 

흉노를 비롯한 고대사의 주역들이 남긴 흔적들을 토대로 한반도를 둘러싼 고대사를 살펴보자.

고대로부터 무덤 양식은 오랫동안 바뀌지 않는다고 하는데 흉노의 무덤 양식은 적석목곽분으로 한반도 남부에서 나타나는 무덤과 같은 양식을 보이고 있다. 또 무덤 등에서 발굴된 유물에서 예사롭지 않게 유사한 특징이 나타난다. 기마유목민 고유의 금관을 비롯한 금 문화, 동물문양 장식들이 발견된다. 특히 동복(청동솥)은 한나라와는 다른 북방 스키타이 형식이다. 즉 몽골고원을 포함해 흉노가 활동했던 지역과 한반도에서 비슷한 특징을 보이고 있다.

또한 흉노의 언어, 씨름, 의복 등의 풍습과 순장하는 풍속이 우리 민족의 그것과 흡사한 부분이 많다. 흉노가 활약했던 북방 지역 일대로 연결되는 문화의 흐름을 엿볼 수 있는 암각화를 비롯한 고대 유적 등에서도 확인할 수 있다.

- 경주 월성 해자에서 발견된 터번을 쓴 서역계 인물 토우와 갑옷을 쓴 말 토우

- (위) 경주 월성   - (아래) 천마도, 5~6세기 경주 황남동 천마총, 국립경주박물관

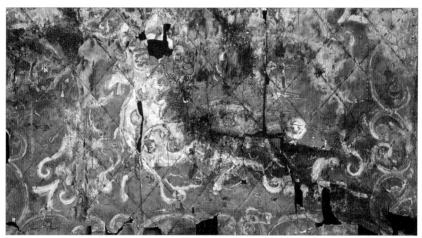

　　신라 월성을 건설한 왕은 가야 김수로 왕비 허황후가 인도에서 가져온 파사탑과 같은 이름인 파사왕이다. 뭔가 묘한 일치가 있다. 신라 초기 월성을 건설할 당시 성벽 아래 진흙에 파묻힌 아랍계 흙 인형, 신라 파사왕 이름과 똑같은 가야 허황후의 파사탑. 이 모든 우연이 중앙아시아로 향한다. 즉 신라와 가야의 경주김씨와 김해김씨는 같은 핏줄이고 중앙아시아에서 건너온 기마민족이라는 점을 말해준다. 바로 알타이 예족인 것이다.

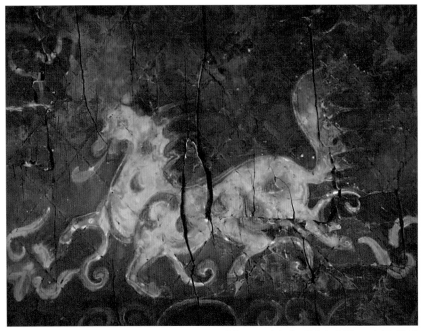

- 천마도, 5~6세기 경주 황남동 천마총, 국립경주박물관

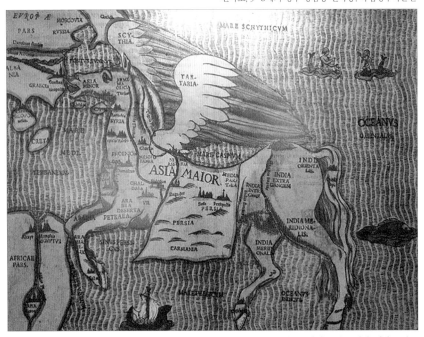

- 러시아 아스트라한 고성 크렘린, 천마도 지도

유라시아 알타이의 길, 한민족 DNA

- 천마도, 1977년 발굴된 중국 감숙성 주천시의 정가갑 5호 고분벽화에 그려져 있는 천마그림과 고구려 덕흥리 무덤 천마그림

СӘТ С

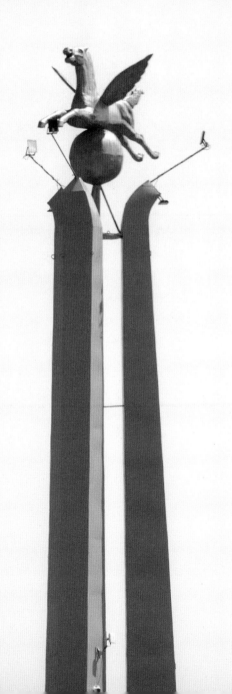

- 서봉총금관, 6세기 경주 서봉총고분, 국립경주박물관

유라시아 알타이의 길, 한민족 DNA

- 봉수형 로만글라스, 황남대총, 신라 5~6세기), 국립경주박물관

한반도와는 거리가 먼 신라 고분에서 출토된 유물 몇 개를 살펴보자.

경주 출토 서역 장식 보검은 경상북도 경주시 황남동 미추왕릉지구 계림로 14호분에서 출토된 신라시대의 칼이다. 신라의 일반적인 금 장식품과는 제작기법이나 형태가 달라 외래품으로 보고 있는 유물이다. 이 장식 보검은 삼국시대의 고분에서 출토되는 환두대도(環頭大刀) 등 여러 종류의 칼과는 그 형태가 다르고, 표면에 나타난 장식은 서구성이 짙은 이색적인 문양이어서 화제가 되었다. 이 장식 보검은 1973년 미추왕릉지구 발굴 당시 계림로 14호분에서 발견되었는데, 당시 보검은 묻힌 사람의 허리 부분에 놓여 있었다.

- 장식보검, 경주 14호 고분군 출토, 신라 5~6세기, 국립경주박물관

- 키질석굴 69호, 쿠차의 왕과 왕비, King Suvarnapusa and his Queen of Kucha

이와 비슷한 모양의 장식 보검은 현재 3점이 남아 있는데 중앙아시아 카자흐스탄의 보로보예란 곳에서 출토된 훈의 보검과 쌍둥이처럼 닮았다. 실크로드의 키질 석굴벽화에도 유사한 보검의 모습이 그려져 있다. 칼집에 속하는 넓적한 장식 판에는 직사각형의 구간을 짓고, 3개의 원에 태극무늬처럼 둥근 파형무늬를 넣었으며, 그 파형무늬 속에 또 작은 원형 장식이 있다.

파형무늬 둘레의 공간에도 붉은 보석을 박아 장식하였다. 아래쪽 칼의 끝부분은 사다리꼴인데 세 부분으로 나누어져 가장자리는 'S'자형 무늬가 돌려져 있고 가운데 역시 붉은 보석으로 장식하였다. 오른쪽 한 부분에는 골무 모양의 반원형 장식이 붙어 있다.

본래 철로 된 칼과 칼집은 부식이 심하여 거의 없어지고 이 금제 장식만 남아 있는 것으로 생각되었으나, 2009년 보존 처리 과정에서 부식되어 사라진 것으로 여겨졌던 철검이 칼집 속에 녹슨 채 꽂혀 있는 것으로 판명되었다. 마노로 알려졌던 칼집의 붉은 보석은 석류석으로 판명되었다. 이와 같이 황금에 석류석을 감입(嵌入)하는 것은 흑해 연안의 기술이기에, 황금 보검은 중앙아시아 흑해 연안에서 생산되어 신라로 수입되었던 물건으로 생각된다.

또한 신라 고분에서 많이 출토되는 로만글라스 용기는 많은 수수께끼를 던져준다. 카자흐스탄과 키르기스스탄의 훈 유적에서도 발견되고 있다. 우리나라 사학계는 서역과 신라와의 교류라 설명하고 있는데 그 옛날 배를 타고 왔다고 하는데 카자흐스탄과 키르기스스탄 같은 지역은 바다가 없는 내륙이고 수만 킬로미터 떨어져 있어서 오갈 수 없다. 그렇다면 다른 대안은 하나다. 바로 유라시아 초원길을 통해 들어온 것이 분명하다.

요시미즈 츠네오(由水常雄, 66)라는 일본 제1의 유리 공예가가 쓴

- 신라고분에서 발굴된 로만글라스

『로마 문화 왕국-신라(新羅)』(新潮社)란 책은 317쪽 분량으로 원색 사진이 많은데 띠에 써놓은 선전 문구는 이러하다.

"고대사(古代史)가 바뀐다! 동(東)아시아에 누구도 생각해본 적이 없었던 로마 문화 왕국이 존재하고 있었다. 그것이 신라(新羅)다! 출토 유물과 신(新)발견의 고대 기록사료 등 실재(實在) 자료를 바탕으로 신라의 수수께끼를 해명한다."

이 책에서 주로 인용하고 있는 자료는 1973년과 이듬해 경주에서 발굴한 천마총(天馬塚. 발굴 당시는 155호 고분)과 황남대총(皇南大塚. 발굴 당시는 98호 고분)에서 나온 출토 유물들이다.

"신라는 이웃 백제, 고구려가 중국의 정치, 경제 제도를 도입하고 중국문화를 전면적으로 수용하여도 이에 동조할 필요가 없었을 정도로, 자국의 정치제도나 경제 시스템, 또는 문화 전반에 걸쳐서 자신을 갖고 수행할 수 있을 정도로 고도의 내용을 갖고 있었다고 생각된다. 고분의 출토 유물을 분석하면 이를 확인할 수 있다."

요시미즈 씨는, 신라가 중국으로부터 한자, 불교 등 문물을 받아들이기 시작한 6세기 전까지는 북방 '초원의 길'을 통하여 중앙아시아 및 중동, 그리고 흑해·지중해 연안의 로마 식민지와 물적·인적 교류가 왕성했다는 주장을 폈다.

요시미즈 씨는 한국과 중국 측의 사료(史料)를 검토하여 진한(辰韓, 신라의 모태. 지금의 경상도 지방 부족국가)시대에 중국의 서진(西晉)에 조공한 서기 286년 이후 91년간 공백, 전진(前秦)에 조공한 382년 후 126년간 공백, 북위(北魏)에 사신을 파견한 521년 이후 43년간 국교 공백의 상태였음을 적시하면서 이것은 미스터리라고 규정했다. 그 미스터리를 해명하는 과정에서 신라가 북방 초원 루트를 통해서 로마 세계와 교류하면서 선진문물을 받아들였다고 피력한다.

그렇다면 이쯤에서 거론되어야 할 부분이 신라 유적 속의 서역인들이다. 그들은 누구이고, 또 신라에서는 어떤 위치에 있었는지 잠깐 언급할 필요가 있다. 다음은 서역인의 얼굴을 한 무인석이다.

신라 제42대 흥덕왕릉은 경상북도 경주시 안강읍에 있다. 이 능은 원형 봉토분으로 지름 20.8m, 높이 6m이다. 비교적 커다란 둥근 봉토분으로 무덤 밑에는 둘레돌을 배치하여 무덤을 보호하도록 하였다. 둘레석은 먼저 바닥에 기단 역할을 하는 돌을 1단 깔고 그 위에 넓적한 면석을 세웠다. 면석 사이에는 기둥 역할을 하는 탱석을 끼워 넣었는데, 각 탱석에는 방향에 따라 12지신상(支神像)을 조각하였다. 탱석과 면석 위에는 다시 갑석을 올려 마무리하였다. 무덤의 주위 4모서리에는 각각 돌사자를 한 마리씩 배치하였고, 앞쪽의 왼쪽과 오른쪽에 문인석·무인석을 각 1쌍씩 배치하였다.

- 서역인 얼굴의 무인석, 흥덕왕릉

신라 사람들은 왕릉을 지키는 장수의 얼굴을 왜 서역인으로 조각했을까? 무인석상은 신장이 약 250㎝이나 되는 큰 체구이며 부릅뜬 큰 눈과 콧등이 우뚝한 매부리코, 그리고 광대뼈가 튀어나온 큰 얼굴이며 머리에는 아랍식 둥근 터번을 쓰고 있어 퍽 인상적이다.

　　이와 흡사한 무인석상은 괘릉에도 있다. 신라인들은 서역인의 모습이 왠지 낯설게 보였을 것이다. 그래서 그들의 장대한 몸체와 이색적인 용모로 '능 지킴이' 역할을 하게 했을 것이라는 보편적인 해석이다.

　　하지만 이 또한 완전한 해석이 아니라는 생각이 든다. 왜냐하면 신라를 지탱한 골품제도를 보면 그렇다. 골품제도는 우리가 알고 있듯이 골품에 의해 오를 수 있는 관직이 정해지는 엄격한 제도이다. 골품이란 뜻을 그대로 해석하면 신체 골격을 의미하는데, 신체적으로 우위에 있는 서역인들이 신라로 들어와 지배계층이 된 것은 아니었을까.

　　신라 왕릉의 무인석상과 〈처용가〉에서 비롯된 '처용무'의 처용 탈을 보면 서역인의 얼굴이다. 물론 중앙아시아의 서역인들도 그 뿌리를 거슬러 올라가면 오래 전 다른 이름으로 바뀐 예맥족의 후예라는 내 생각에는 변함이 없다.

　　우리 한민족의 뿌리, 우리는 어디서 왔고 어떻게 뿌리를 내렸을까?

　　현재 우리나라 국민 대부분은 관심도 없고 알지도 못한다. 나는 다년간 우리 조상의 발자취를 찾아서 중앙아시아, 몽골, 러시아, 중국 동북3성 고대 유적지를 찾아다니며 한민족의 뿌리를 사진으로 담았다.

　　작년엔 고조선과 고구려 고분벽화 단행본을 출간하여 맥족의 뿌리를 담았다. 그 후 우랄알타이 산맥을 돌아다니며 예족의 뿌리를 추적하고 있다. 나는 인디아나 존스처럼 어드벤처 탐사를 통해 고대 한민족의 뿌리를 찾는 작업을 계속하고 있다.

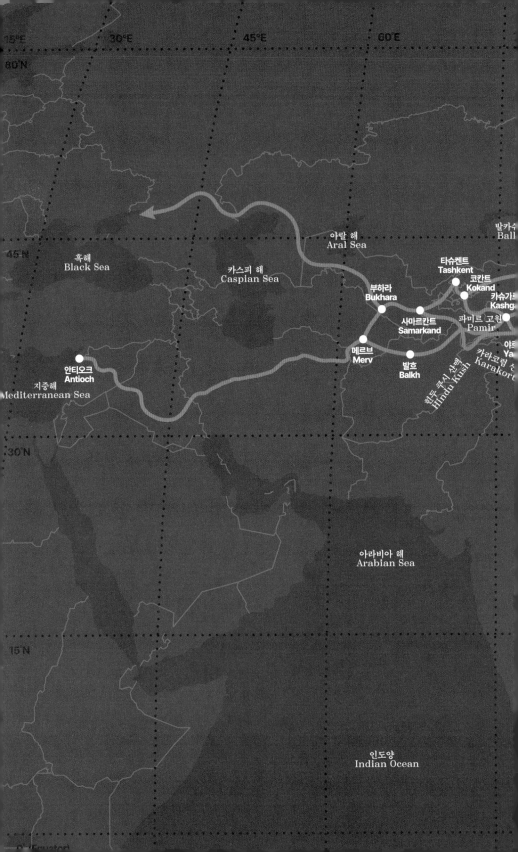

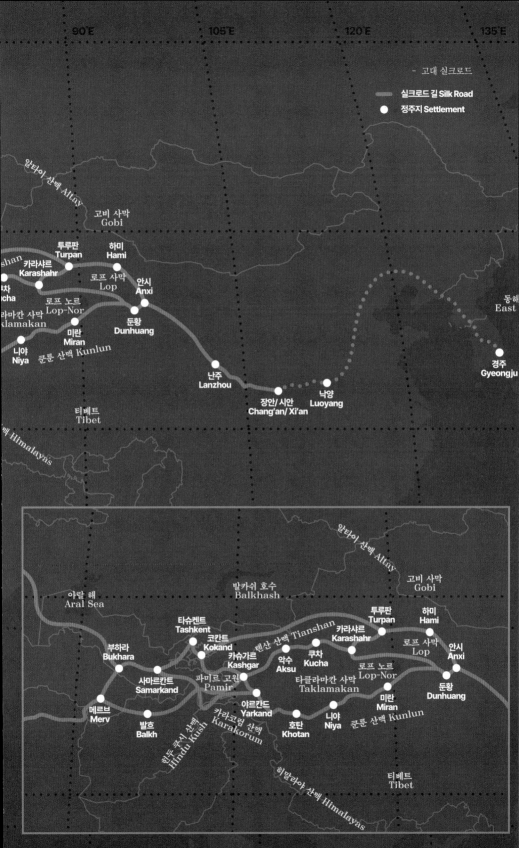

- 창조신 복희와 여와, 투르판 아스타나 7세기, 삼베에 채색

유라시아 알타이의 길, 한민족 DNA

- 투르판 무르투크 무덤 부장품 (6~7세기) , 중앙아시아에서 제작된 불교 상은 인도 간다라와 헬레니즘과
로마조각의 영향을 받았다. 실크로드 교역로이기 때문에 동서양의 양식이 중첩되었다.

– 투르판 카자흐자 무덤 부장품 7~8세기, 환관들 인형

– 〈진묘수〉, 투르판 아스타나, 아스타나 카자흐자 묘실 입구를 지키는 사람 얼굴에 동물의 몸이 결합된 상상의 동물을
진묘수라고 한다. 백제 무령왕릉 입구에도 진묘수가 있다. 묘실 내부의 나쁜 기운을 막는 역할을 한다.

- 투르판 카자흐자 무덤 부장품 7~8세기, 병사들 인형

- 명상하는 승려 돈황 10세기

- 말을 탄 여인, 투르판 7~8세기, 중국 귀족 여인 풍을 그린 조각상

　유라시아 알타이의 길, 한민족 DNA

- 투르판 베제클라크 석굴사원, 6~7세기 천불도

유라시아 알타이의 길, 한민족 DNA

— 사마라칸트의 아프라시아브 벽화 7세기 중엽. 조우관을 쓴 고구려 사신 두 명이 바르후만 왕을 알현하고 있다.

8장

우주수
그리고 솟대

신라와 가야의
금관

금관은 알타이 지방을 중심으로 시베리아 동서를 관통한 고대 황금문화
권의 공통유물들이다. 대표적인 유물로는 신라의 금관 말고도 박트리아
(현 아프가니스탄)의 시바르간에서 출토된 금관(기원전 3세기)과 알타이
지방의 이시크고분에서 나온 '황금인간'(기원전 5~4세기)을 들 수 있다.

  역사의 여명기에 빛나는 황금으로 장식한 이 고대 황금문화 시기는
대체로 기원전 5세기부터 기원후 6세기까지의 근 1000년간을 헤아린다.
이 시기 알타이 지방에서 발생한 황금문화는 스키타이가 개척한 동방교
역로를 통해 서방으로 그리스까지 전해졌으며, 알타이족을 비롯한 북방
기마민족들의 동진에 의해 신라와 가야까지를 그 영역 내에 두었다. 남만
주의 요령성 일대 유적에서 '산'자 모양의 관을 쓴 봉황(일설은 불경 속의
새 가릉빈가) 장식이 발견되는 점으로 미루어 3세기 이후 중국 화북 지
방과 남만주 일원에서 여러 나라를 세워 신라와 교류했던 선비족들이 그
매개 구실을 한 것으로 짐작된다.

  신라의 금관총의 금관을 비롯한 황남대총 금관, 천마총 금관, 금령총 금관
  모두 우주수(宇宙樹신목) 장식과 두 개의 사슴뿔 모양 장식이 붙어 있다.
  또한 장식으로 작은 금환과 곡옥이 많이 달렸고 금실을 꼬아 매단 장식은
  무수히 달렸는데 이는 음악적 효과를 위해서 달았을 것이라 해석하는 학

자들도 있다. 그러니까 금관의 주인공이었던 샤먼왕이 행하던 무속적 제의를 위해 그런 장식을 달았다는 것이다. 지금도 시베리아나 몽골, 중앙아시아의 샤먼의 모자들에는 무속 의례 시 소리를 내기 위한 쇠 장식들이 달려 있다. 신라 왕관도 샤먼의 모자 같은 역할을 수행했을 것이라는 해석이다. 물론 왕은 무속적 통치자의 성격을 갖는다. 뿐만 아니라 알타이 북방 민족의 상징인 금으로 만든 왕관, 그리고 장식으로 달린 우주수와 사슴뿔 장식, 곡옥 등 먼 북방에 대한 기억들을 신라 왕관에 소환해 놓은 것이다. 신라 금관은 물론 아주 단순한 외형의 가야 금관에도 나무 형상이 주요한 뼈대를 이룬다. 이른바 출(出)자 형식을 말하는 것인데 이는 우주수를 형상화한 것이다. 이 우주수는 고대인들의 정신세계에서 무속세계의 하늘, 즉 천계를 향해 상징적으로 뻗어 오른 나무를 말한다. 신라와 가야의 금관은 신라와 가야인들의 조상들이 북방의 초원지대를 지나 한반도로 이주할 때 지니고 온 집단 기억이 현현한 것이다.

우주수는 세상의 가장 높은 곳에 있으면서 하늘과 땅을 연결해 준다. 이와 같은 우주수는 나무 자체에 정령이 깃들어 있다고 믿겨졌으며, 동북아시아 각지에서 신과 동일시하는 수목신앙으로 발전하게 되었다. 우리나라 마을에 있는 당산나무도 신목의 성격을 띄는 경우가 많다.

그렇다면 신라와 가야 등지에서 출토된 왕관에 묘사된 우주수는 어떤 나무를 말할까. 한국 문화를 평생 연구해 온 존 카터 코벨여사는 우주수를 자작나무라 단정 짓는다. 추운 지역에서 자라는 자작나무는 유목민이던 북방의 종족이 시베리아의 추운 기후를 피해 한반도에 정착했을 때 이 나무에 대한 집단기억을 갖고 있었고 이를 되살려 놓은 게 금관의 장식이라는 것이다. 그녀는 미국 미네소타주에 살았는데 그곳 원주민인 슈 인디언들도 이 나무를 특별한 것으로 여기며 무속의례를 치른다고 했다. 그만큼 자작나무는 추운 북방의 상징 중 하나로 해석된다.

　　- 존 카터 코벨의 『한국문화의 뿌리를 찾아서』중에서

지금도 시베리아 바이칼 인근 부리야트에서 타일라간이라 부르는 큰 제천행사에서는 큰 샤먼이 신목(우주수)으로 준비한 자작나무를 오르는 의식을 행한다. 우리나라에서 출토된 금관의 우주수의 원형이 북방의 자작나무라는 해석은 우리 민족의 이동 경로를 뒷받침해주는 중요한 단서이다. 뿐만 아니라 천마총에서 나온 천마도를 비롯한 다른 그림들도 자작나무 껍질에 그린 것을 보면 그 자작나무 껍질도 북방의 흔적인 것이다. 러시아 돈강에서 가까운 보노체를카스크에서 발견되어 에르미타쥐 미술관에 소장된 금관이 있다. 기원 전 1세기 경 것으로 추정하는 그 금관의 중심도 우주수와 사슴뿔이다. 어디 그 곳 뿐이겠는가. 알타이에서 서쪽으로, 또 동쪽으로, 그 끝인 한반도 신라와 가야를 향해 기나긴 세월동안 달려왔을 저 북방의 금관 앞에서 다시 우리 고대사의 궤적을 더듬는다.

또 하나 천마총에서 출토된 천마도도 중요한 북방에 대한 기억을 복원해 놓은 것이다. 를 천마도의 말은 카프카스 산맥에서 태평양에 걸치는 북방 지역의 고대 유목민족에게 매우 귀중한 존재였던 전설의 말이다. 경주 천마총의 천마도는 안장 아래 말굽에서 튀는 진흙을 막아주는 말다래에 그려져 있었다. 신라 천마총 출토 8장의 자작나무판 그림 중 천마도를 놓고 존 카터 코벨 여사는 '무속적 마력을 하나 가득 품은 채 아무도 태우지 않고 질주하여 날고 있는 흰색 천마도'에 찬사를 보낸다.
– 존 카터 코벨의 『한국문화의 뿌리를 찾아서』중에서

북방 민족들은 통치자가 죽으면 여자(여자인 경우 순장자로 남자가 되기도 함)와 말도 같이 순장했는데 마구와 함께 순장된 말들은 저 세상에서 왕을 태우고 하늘을 날아야 하는 무속적 임무를 띠고 있었다. 그것을 잘 표현한 게 경주 천마총의 천마도였던 것이다.

유라시아 알타이의 길, 한민족 DNA

- 투르판 베제클라크 석굴사원, 6~7세기 천불도

유라시아 알타이의 길, 한민족 DNA

- 신라 금령총 금관, 문화재청 국가문화유산포털

- 틸리아 테페 6호분에서 출토된 금제 왕관(여성), 기원전 1세기, 아프가니스탄

- 사르마트 금관, 1세기, 호클라크 바로우 러시아, 상트페테르부르크 에르미타시 박물관

유라시아 알타이의 길, 한민족 DNA

- 가야 전 고령 금관(傳 高靈 金冠), 6세기 무렵, 대가야 왕의 금관으로 추정, 삼성미술관 리움

- 금동관, 울주군 하삼정 고분군 나지구 240호 돌덧널무덤 출토, 울산대곡박물관

– 가야 성주 가암동 금동관, 5세기, 가야, 국립김해박물관

– 가야 고령 지산동, 32호분 출토 금동관, 5세기, 대가야, 국립중앙박물관

유라시아 알타이의 길, 한민족 DNA

- 가야 전 창녕 금관(傳 昌寧 金冠), 6세기 무렵, 비화가야의 금관으로 추정

- 신라 황남대총 관모 장식, 국립중앙박물관

금관의 주요 부분을 차지하는 우주수 대신 새와 새의 날개를 장식으로 한 것들이 있다. 알타이 부근의 우코크 고분에서 미라로 발견된 '얼음공주'의 머리에 사뿐히 앉아 있는 금제 새는 오늘날까지도 우리네 솟대 위에 앉아 있는 새를 연상케 한다. 인간들이 절대자를 향해 기복행위를 할 때 땅과 하늘을 연결하는 매개자로서의 새에 대한 신조사상은 우리와 일본을 포함해 알타이계 민족의 보편적인 영혼관이다.

고구려의 금관과 백제의 금관은 신라와 가야의 것들과는 차이를 보인다. 고구려 금관은 평양 청암리 토성에서 출토된 게 유일하다. 고구려 무덤 양식은 도굴되기 쉬운 구조라 더 이상의 고구려 금관이 발견되지 않았다. 출토된 이 고구려 금관은 신라와 가야의 것과는 아주 다르다. 이 금관 장식에는 우주수도 사슴뿔도 아닌 불꽃무늬(화염문)가 가득 투조되어 있다. 이 문양은 고구려벽화고분에도 많이 등장하는데 태양숭배사상과 밀접하다. 평양 진파리에서 출토된 고구려 금제관식에는 삼족오가 한가운데 배치되어 있다.

백제 왕관의 경우도 도굴 때문에 그 모습을 볼 수 없었다. 다행히도 공주 무령왕릉에서 출토된 금관 덕분에 6세기 경 양식을 엿볼 수 있다. 왕관이라기보다는 금제관식이라 칭하는 경우도 있다. 『삼국사기 』를 보면 백제 고이왕은 비단관에 꽃 모양의 금제 관식을 장식해 머리에 쓰고 정무를 보았다는 내용이 있다. 그렇기에 무령왕릉에서 출토된 금관을 그렇게 부르기도 한다. 왕의 관식은 높이 30.7cm, 너비 14cm이고, 왕비의 것은 높이 22.6cm, 너비 13. 4cm이다. 이 백제 무령왕릉 금관에는 금환 127개를 금실로 꼬아 달았다. 이 금관도 꽃 모양과 덩굴문이 얽혀 고구려 금관처럼 불꽃무늬(화염문)를 이룬다. 존 카터 코벨 여사는 무령왕릉 왕관을 놓고 다음과 같이 기술한다.

"이러한 차림새는 동시대의 이웃한 신라왕들이 무속 상징 가득한 금관을 쓰고

있던 것과 달리 훨씬 세련된 것이기도 하다. (…) 단적으로 말하면 공주 출토 백제 금세공품은 경주 출토 금세공품과 같거나 그보다 월등한 수준이었다."
– 존 카터 코벨의 『한국 문화의 뿌리를 찾아』 중

무령왕릉의 백제의 왕관이 신라에 비해 세련된 양식을 갖게 된 이유를 불교에서 찾는다. 무속적인 의례에서 그 의미를 주기 위해 신라나 가야 왕관에 우주수나 사슴뿔을 장식했다. 불교가 공식 인정된 시기가 고구려가 372년, 백제는 384년인데 비해 신라는 527년이다. 그렇다고 고구려나 백제의 왕관이 전부 불교의 세계관을 반영한 것은 아니다. 무령왕릉의 경우에도 무속적 요소가 많은데 대표적인 게 왕릉을 지키는 석수다. 왕비의 왕관의 윗부분을 보면 여섯 장의 날개를 펼치고 있는 새가 있다. 이 새의 정체를 밝히기 위해 다시 존 카터 코벨 여사의 말을 빌린다.

"이 새는 시베리아 전역에서 꽃피었으며 한반도에도 큰 영향을 미친 북방 무속에서 무당(샤먼)이 되려는 사람은 단식을 하며 꿈을 꾸는데 이때 꿈속에서 이 새를 본다고 한다. (…) 이 새는 두 눈과 커다란 부리, 여섯 장의 날개를 지녔다. 여섯 장의 날개는 정점에서 하나로 모아지는데 이러한 구조는 신라금관에 장식된 우주수의 7개 곁가지를 연상시킨다."
– 존 카터 코벨의 『한국 문화의 뿌리를 찾아』 중

우주수이든 사슴뿔이더, 태양숭배를 상징하는 불꽃무늬든 아니면 삼족오든, 여섯 장의 날개를 가진 새든 모두 하늘을 숭배하는 동시에 하늘의 뜻을 받으려는 사상을 금관 속에 반영한 것에 다름없다. 이 모두 지금껏 따라온 유라시아 알타이길 위에 산재한 북방의 요소다. 또한 여기서 말한 새, 그리고 알타이 파지리크 얼음공주 머리 위에 있던 새는 한반도와 시베리아 곳곳에 세워진 솟대 위로 내려앉는다.

- 고구려 불꽃뚫음무늬금동보관. 4~5세기, 평양 청암리, 조선중앙역사박물관

유라시아 알타이의 길, 한민족 DNA

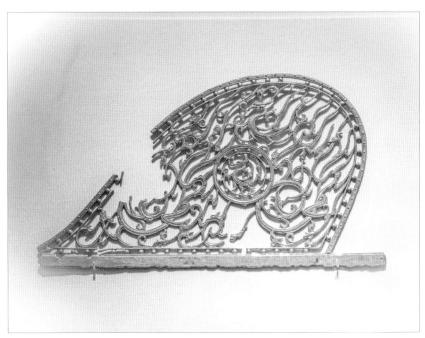

- 고구려 해모양 뚫음무늬 금동장식, 6세기, 평안남도 중화군 진파리, 조선중앙역사박물관

- 고구려 산 모양 장식품, 국립중앙박물관

– 고구려 조우관, 집안시 출토, 요녕성박물관

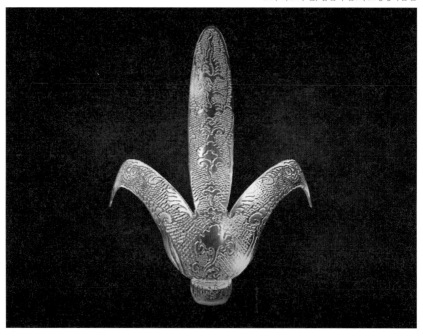

– 발해 금제 관장식, 순목황후릉 출토, KBS 역사스페셜 영상팀 복원

유라시아 알타이의 길, 한민족 DNA

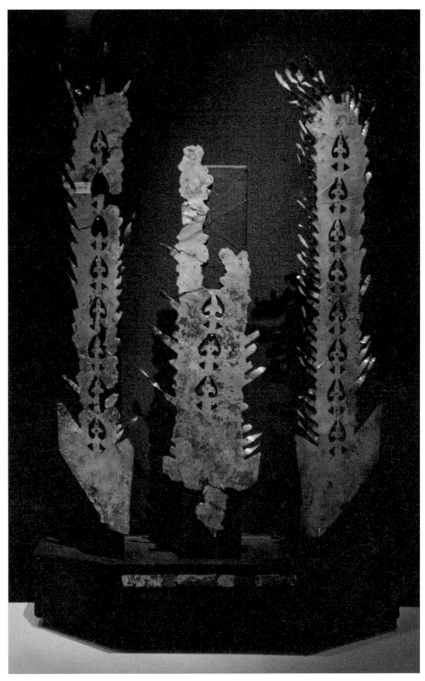

- 고구려 깃털 모양 장식품, 국립중앙박물관

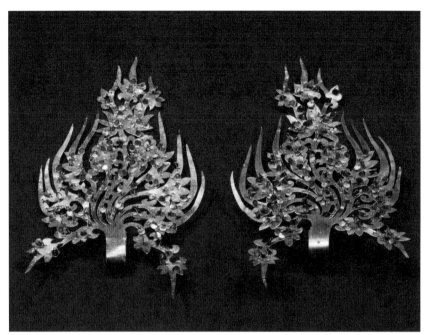

- 백제 무령왕 금제 관식, 문화재청 국가문화유산포털

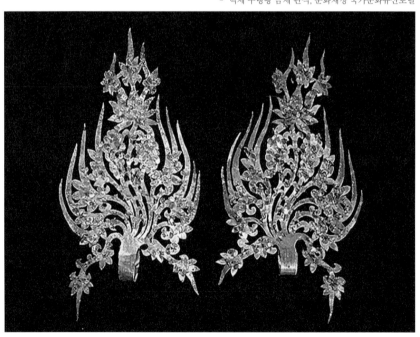

- 백제 무령왕비 금제 관식, 문화재청 국가문화유산포털

- 백제 나주 신촌리 금동관, 문화재청 국가문화유산포털

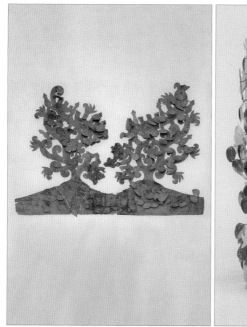

- 일본 나라현 후지노키 고분 금동관, 백제 금관과 똑같은 일본 왕관을 우리기술로 복원했다. 충남역사문화연구원

: 하늘을 향한
알타이인들의 염원, 솟대

북방에 살아오던 예족들은 남하하여 강원도를 거쳐서 김해, 부산의 금관 가야로 발전하고 일본 규슈로 진출하여 왕조를 세우게 된다. 아래 사진은 규슈 요시노가리 청동기 유적 입구 솟대. 러시아 바이칼호와 몽골북부 흡 수골에서도 솟대를 촬영하였다. 그리고 솟대의 발전 형태인 일본의 도리 이도 렌즈에 담았다.

　나무 기둥 위에 새들이 내려와 앉아 있은 광경을 볼 수 있다. 바로

- 우리나라의 솟대

유라시아 알타이의 길, 한민족 DNA

솟대다. 삼한(三韓)시대에 신을 모시던 장소인 소도(蘇塗)에 세우는 솟대 [立木]가 그것이며, 소도라는 발음 자체도 솟대의 음이 변한 것이라는 설도 있다. 솟대를 일컫는 방언이 있는 데 바로 강원도의 진또배기다. 솟대든 진또배기든 나무기둥에 새를 올려놓고 하늘과 교통하려는, 그 새를 통해 하늘의 계시를 받고, 또 지상의 인간들이 품은 염원을 하늘에 전한다.

　　솟대 위의 새는 신과 인간 사이를 연결해주는 매개가 되는 것이다. 이는 신조사상과 밀접히 연결되어 있다. 한국의 솟대는 일본의 솟대로 발전한다. 솟대가 한반도에서 일본으로 전해졌다는 사실은 고인돌이 뒷받침해준다. 고인돌은 청동기 시대 부족장의 묘이다. 땅 아래를 발굴하면 청동거울, 청동 칼, 곡옥이 발견된다. 바로 이 세 가지 유물은 일본 황실을 상징하는 삼종신기이다. 일존 규슈 요시노가리 청동기 유적 전시관에는 홍살문과 도리이의 유래는 한반도 솟대에서 시작되었다고 설명하고 있는데 신들이 사는 집을 표시하기위해 나무 기둥 위에 새를 조각해 놓았다.

- 우리나라의 솟대

- 우리나라의 솟대

유라시아 알타이의 길, 한민족 DNA

- 우리나라의 솟대

- 시베리아의 솟대, 울란우데 향토박물관

유라시아 알타이의 길, 한민족 DNA

- (아래) 투바공화국, 솟대를 형상화한 마을 입구 간판　　　- (위) 시베리아의 솟대, 울란우데 향토박물관

- 솟대 위 새, 크라스노야르스크 향토박물관

- (위) 러시아 바이칼호수 알혼섬 고인돌　　　　　- (아래) 중국 요녕성 북진묘 고인돌

유라시아 알타이의 길, 한민족 DNA

- (위) 중국 집안 장수대왕릉 고인돌   - (아래) 카자흐스탄 아스타나의 고인돌

우주수 그리고 솟대

- (위) 전라북도 고창군 도산리 고인돌   - (아래) 울산광역시 울주군 언양 지석묘

유라시아 알타이의 길, 한민족 DNA

- (위) 전라남도 화순군 도장리 지석묘

- (아래) 나주 신포리 지석묘

- (위) 일본 규슈 후쿠시마현 신마치 해변마을 고인돌　　　　- (아래) 일본 규슈 시마반도 옹관묘 고인돌

유라시아 알타이의 길, 한민족 DNA

- (위) 일본 규슈 후쿠오카현 소에다정 히코산진구 지석묘　　　　- (아래) 일본 대마도 아까고메 고인돌

우주수 그리고 솟대

- 일본 규슈의 요시노가리 청동기 유적지 입구, 솟대가 있는 토리이

- 솟대. 일본 규슈 요시노가리 유적의 왕의 집 입구

- 일본 규슈 요시노가리 청동기 마을 입구, 새가 있는 도리이

- 한국의 솟대

― 일본의 신사 입구에는 토리이가 있고, 한국의 왕릉과 서원 입구에는 홍살문이 있다.

— 일본의 신사 입구에는 토리이가 있고, 한국의 왕릉과 서원 입구에는 홍살문이 있다.

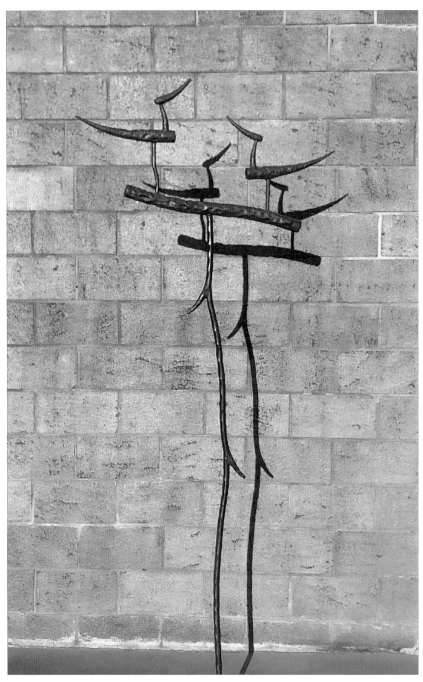

- 러시아 이르쿠츠크 시내에 장식으로 만들어 놓은 솟대

유라시아 알타이의 길, 한민족 DNA

- 진또배기, 솟대의 강원도 방언

9장

알타이 길의

신녀들

: 신라 선도산
성모를 아세요?

삼국시대 아니 고조선시대부터 신녀를 중심으로 한 신정정치를 한 흔적들이 있다. 영화「안시성」에서도 당 태종이 양만춘에게 신녀를 보내 항복을 권유하는 장면이 나온다. 선도산 성모는 본래 중국 제실의 딸로 이름을 사소라 하였는데 일찍이 신선술을 배워 신라에 와 머물렀다.

「선도성모 설화」또는「사소부인 설화」, 아니면「파소부인 설화」라고 알려진 설화는 신라의 건국자 박혁거세의 생모인 사소가 중국 또는 북방에서 경주 선도산으로 와서 박혁거세를 낳아 길렀다는 내용이 담겨있다.

박혁거세의 생모 사소부인은 북방대륙에서 동해를 건너 서라벌에 들어와 선도산의 성모가 되었는데, 이는 신라 창업자를 낳아주려는 역할을 하기 위해서라 한다. 김일연이나 김부식은 박혁거세가 하늘에서 강림한 말이 낳은 알에서 태어난 난생설화를 전하면서도 한편으로 사소부인 설화를 함께 기술했다. 삼국유사의 권4에는 박혁거세는 하늘에서 나온 말의 옆구리에서 태어났다 한다. 그런데 삼국유사 권5에는 선도성모 설화가 등장한다. 삼국유사 5권에 기록된 전승에 의하면 사소는 중국 황실의 딸이었는데 신선술로 해동으로 와 정착한 곳이 월성 서연산이었고, 그녀는 산신이 된다. 경주 국립공원 서악지구 서악동에는 '성모사 유허비'가 전해온다. 시인 서정주는 사소부인에 대한 시를 남겼다.

노래가 낫기는 그중 나아도
구름까지 갔다간 되돌아오고,
네 발굽을 쳐 달려간 말은
바닷가에 가 멎어 버렸다.
활로 잡은 산돼지, 매(鷹)로 잡은 산새들에도
이제는 벌써 입맛을 잃었다.
꽃아. 아침마다 개벽하는 꽃아.
네가 좋기는 제일 좋아도,
물낯바닥에 얼굴이나 비취는
헤엄도 모르는 아이와 같이
나는 네 닫힌 문에 기대섰을 뿐이다.
문 열어라 꽃아. 문 열어라 꽃아.
벼락과 해일(海溢)만이 길일지라도
문 열어라 꽃아. 문 열어라 꽃아.
　　　- 서정주의 「꽃밭의 독백-사소단장(娑蘇斷章)」

서정주의 이 시에서 북방적 요소가 한반도에 정착했다는 것을 암시하는
구절들이 나오는데 '네 발굽을 쳐 달려간 말은 바닷가에 가 멎어 버렸다'
라는 구절은 북방에서 한반도 동쪽 끝으로 내려온 과정에 대한 은유이다.
또 '매로 잡은 산새'는 매사냥을 뜻한다. 더구나 후렴구처럼 되풀이 되는
'문 열어라 꽃아'는 하늘과 교통하려는 사소부인의 지위를 짐작케 한다.
즉 신녀의 지위를 가졌던 사소부인이 하늘을 향해 올리던 축원에서 외쳤
던 주문은 아니었을까. 하늘에서 내려와 신라를 열 왕을 잉태해야하는 신
녀 사소부인의 간절한 외침은 아니었을까.

- 경주 선도산 성모 유허지, 신라시조왕 박혁거세 모후 선도모후정령을 모신 사찰

유라시아 알타이의 길, 한민족 DNA

: 가야 정견모주를
아세요?

정견모주는 대가야, 금관가야 시조모이다. 가야지역에서 여신으로 숭배되던 인물로 조선시대의『신증동국여지승람』에서 최치원의 저서『석리정전(釋利貞傳)』을 인용한 부분에 그 기록이 있다. 가야의 산신(山神) 정견모주는 천신(天神) 이비가(夷毗訶)와의 사이에서 뇌질주일(대가야왕 이진아시)와 뇌질청예(금관가야왕 수로왕)를 낳았다. 정견(正見)은 불가에서 말하는 팔정도 중 한 가지로, 대구화상, 허황후 남매 전설에서 보듯 가야 신화가 전반적으로 불교의 영향을 받았음을 추정할 수 있다. 아직도 성주군 수륜면 백운리마을 뒷편에 가면 정견모주의 제단과 정견모주가 하늘신 이비가를 맞이할 때 탄 꽃가마가 변했다고 전해지는 가마바위가 존재한다.

해인사 입구로 들어가다 보면 한국의 다른 절들과 마찬가지로 산신각을 볼 수 있는데 해인사 산신각에 모셔져 있는 산신의 그림이 바로 정견모주이다. 이 그림도 원래는 남자로 그려져 있었는데 나중에 바꾼 것이다. 조선 시대에 들어서는 대부분의 여성 산신의 신격이 남성으로 바뀌어 모셔지는 일이 허다했고, 정견모주 역시 정견천왕(正見天王)이라는 이름의 수염 덥수룩한 남자 산신으로 신격의 성별이 바뀌어 산신각에 모셔지게 된 것으로 보인다.

천신 이비가와 결합하여 대가야 왕 이진아시와 금관가야 왕 뇌질청

- 가야산 성주군 정견묘주 기념탑

유라시아 알타이의 길, 한민족 DNA

예, 즉 김수로왕을 잉태하는 가야산의 신 정견모주에 대한 설화는 그 얼개 면에서 단군신화를 연상케 한다. 지상의 정견모주와 천계의 이비가는 웅녀와 환웅의 역할을 하는 것이다. 변형된 김수로왕의 탄생 설화에서도 역시 천손강림의 사상이 근간이 된다.

한국의 여러 시조탄생신화 중에서도 산신이 중심이 된다는 점은 좀 특이하다. 선도성모설화의 사소부인도 산신이 된다. 그렇다면 정견모주와 사소부인은 단순한 산신이 아니고 나라의 신녀가 아니었을까. 나라를 창건할 왕을 잉태하기 위해 하늘과 교통했던 신녀 말이다.

- 가야산 성주군 정견묘주 기념탑

파지리크
얼음공주

고대 국가, 그리고 국가 이전의 체제에서도 신녀는 중요한 역할을 했다. 스키타이는 신녀정치를 하였다고 알려져 있다. 이를 반증이라도 하듯 러시아 알타이공화국의 우코크 고원의 파지리크에서 신녀로 추정되는 거의 완벽히 보존된 여자시신이 발견됐다. 발굴 뒤 그 시신을 얼음공주라 부른다. 그녀가 피장된 지역은 러시아 우코크 고원의 2,400미터 지점으로 눈 덮인 산봉우리를 배경으로 중국, 몽골, 카자흐스탄과 접경을 이룬다.

알타이산맥에 우코크 고원이 펼쳐진다. 이처럼 높은 곳에 동토의 땅 시베리아에 활짝 펼쳐졌던 고대문명의 자취가 있다. 2천 5백년 전 알타이 주인이던 파지리크인들은 이곳을 '하늘의 목초지'라며 신성시했다. 하늘과 가까운 이곳에 남긴 무덤만 해도 2백개가 넘는다.

목관에 안장된 얼음공주의 키는 약 168센티미터로 큰 편이었으며 머리 부분은 부패되어 있었지만 관 바닥이 닿는 아랫면과 기타 부위는 얼어있어 거의 완전히 보존되어 있었다. 해동 후 그녀의 피부는 탄력을 되찾았다. 얼음공주는 가죽으로 된 모피를 두르고 금으로 세공된 부장품과 함께 어깨 및팔에는 푸른색 문신을 하고 있었다. 문신의 문양은 스키타이안의 전형적인 순록, 양등이었다. 금 세공품과 뒤에는 사슴의 모습이 조각된 거울도 함께 부장되어 있었다. DNA검사를 한 결과 학계는 그녀를 유라시아 초원지역의 원주민이라고 단정 지었다.

    얼음공주는 고대 파지리크 문화를 보여주고 있다. 그녀의 무덤주위에 건장한 말들이 순장되어 있었는데, 그녀가 생전에 타고 다니던 말 이었을 것이다. 여러 동물을 합쳐 하나로 만든 상상 속의 동물 장식이 많이 나왔다. 우리의 불사조와 흡사한 그리핀, 말의 몸에 염소의 뿔을 단 금박 장식품들은 2천 5백년 전 사람들의 솜씨라는 게 도무지 믿기지 않는다. 귀고리의 생김새와 목관 위에 돌을 덮은 무덤의 구조는 우리 신라시대의 적석목곽분과 비슷하다. 적석목곽분의 목곽묘 주위에 원형의 적석(積石)으로 이루어져 있다.

    또한 한명의 40대 남자 순장자와 16세의 여자 순장자가 윗 나무판 층에서 발견되었는데 목곽 주위 안에는 목재로 만든 나팔, 피륙, 마지막으로 먹었을 주식인 양고기와 앉은뱅이 탁자 등으로 보아 그녀의 지위가 어떠했음을 짐작케 한다. 말과 사람을 순장하는 풍습은 한반도에도 있었고, 말의 경우 그 대표적인 게 천마총 아닌가.

    순장된 말과 사람들을 곁에 두고 있던 얼음공주는 사회적으로 높은 신분이었음은 물론이다. 고르노-알타이스크의 국립박물관에 발견될 당시 복식을 그대로 재현해 놓은 얼음공주상이 있다. 신녀를 중심으로 한 스키타이의 정치제도를 보면 더욱 그렇다. 얼음공주를 신녀로 보는 까닭은 그녀가 손에 들고 있는 신목과 복장이다. 더구나 그녀의 몸에 새겨진 정교한 문신들은 아름다움을 위한 장식이 아니라 제의를 위한 문양, 즉 신녀로서 지위를 나타내는, 또 하늘과 교통하기 위한 표식들은 아니었나 싶기도 하다. 문득 그녀가 2500여년간 신목을 손에 쥐고 하늘에 기원했던 것은 뭐였을까, 가슴이 싸해진다. 자기 부족의 영화였을까. 아니면 지금 우리에게 당시의 문화와 정신세계가 어떤 것인지 암시를 주기 위해 차디찬 얼음 위에서 그 오랜 세월을 기다렸을까.

삼국시대 아니 고조선시대부터 신녀를 중심으로 한 시정정치를 한 흔적을 규슈에서 발견하였다. 신라 선도산 성모와 가야산 정견묘주는 지상의 부군이 없는 신녀였다. 그리고 금관가야의 시조인 김수로왕을 낳았다. 금관가야가 일본 규슈에 건너가서 세운 요시노가리 청동기부락에서도 부족장 왕 위에 신녀가 청동거울(태양)을 바라보고 벼 곡식을 바치고 기도하는 장면을 모형으로 재현하였다. 부족장 왕은 부인과 함께 가옥에서 거주하며 생활하지만 신녀는 처녀로 홀로 생활을 한다. 또한 왕의 집보다 신전이 훨씬 크다. 요시가노리 유적지에는 신전 3층에 신녀가 여인들을 거느리고 제단에 볏짚을 바치고 기도하는 장면을 재현해 놓은 게 있다.

　- 알타이 빙하에서 발견된 2500년전 파지리크 얼음공주 신녀, 고르노알타이 공화국 거리에 조형탑 모셔져있다.

유라시아 알타이의 길, 한민족 DNA

- 러시아 고르노 알타이 공화국, 빙하에서 발견된 2500년전 파지리크 얼음공주 신녀

- 해발 2천3백m 지대에 우코크고원의 2천 5백년전 알타이 파지리크 얼음공주 신녀 무덤 발굴지

일본의 신공황후(神功皇后)를 아시나요?

규슈 요시노가리 유적에서도 신녀를 왕보다 높은 신분으로 재현하고 있다. 신공황후는 신녀이다. 일본신화의 태양의 여신이다. 태양신(청동거울)을 향해 곡식을 바치고 기도하는 아마테라스이다. 한반도 남부 삼한 정벌설 또는 백제를 도와 신라를 공격하여 한반도 남부를 점령하였다고 전해지는 인물인데, 그것은 『일본서기』를 봐도 사실이 아니다.

『고사기』및 『일본서기』의 기록 속에서 오진 천황은 어머니 태내에서부터 이미 천황이 될 운명을 타고 난 '태중의 천황'이라 불렸고, 어머니 신공황후에 대한 신앙이 모자신앙으로까지 확대되었다고 해석되고 있다.

신공황후는 일본에서는 개국 시조 여신에 해당된다. 『몽골비사』의 알랑고아나, 고구려의 시조 주몽을 낳은 유화부인에 해당한다. 신공황후는 일본인들이 가장 자랑스럽게 생각하는 신비의 인물이다. 신공황후는 가공인물이 아닌 실제 역사인물이며, 선비족에 패망한 북부여의 공주이다. 부여 기마족을 이끌고 왜국을 정벌했다고 주장하는 이는 미국인 미술사학자 존 카터 코벨 여사이다. 흥미로운 그녀의 주장을 따라 한일 고대사의 흐름을 들여다본다.

346년 선비족의 침입으로 조국을 떠난 한 무리의 북부여 난민들이 한반도에 들어섰다. 용맹한 부여족들로 살아남은 왕족과 지배계급들은 순수 부여왕통의 마지막 피붙이인 어린 왕녀를 정성껏 보호하고 있었다. 이 왕녀가 새로운 땅에서 불씨가 되어 다시 나라를 일으킬 것이라 믿고 있었다. 난민들은 도중에 낙랑에 예속되었던 난민들과 합류했다. 부여족은 한반도 남단의 원주민인 농부나 어부에 비해 훨씬 전투적인 종족이었다. 그전에 고구려를 떠나 백제를 세운 부여기마민족들도 마찬가지였다. 이들은 소수로 대규모 원주민을 제압할 수 있었다.

> 북부여에서 남하하는 난민들을 백제의 근초고왕은 우려했다. 북부여의 공주가 하늘의 아들 해부루의 자손이듯 백제왕가 또한 해부루의 자손이었다. 그들 사이에도 골육상쟁의 역사가 있었지만 공주가 경쟁상대로 여길 필요가 없었다. 그렇게 공주와 함께 한 북부여 무리는 백제 왕실에 접수되었다. 부여족은 지도자를 잃은 셈이나 마찬가지였다. 공주, 즉 어린 왕녀 신공은 무계(巫系)를 계승하지만 어려서 신을 받을 수도 없었다. 부여 난민들은 근초고왕을 도와 삼한(三韓)정벌에 가담했다.
> ― 존 카테 코벨의 『부여기마족과 왜(倭)』중

어린 왕녀 신공이 무속을 계승하지만 아직 신녀로서 신내림은 받지 못한 상태였다는 게 흥미롭다. 하지만 이는 훗날 신공이 신녀가 된다는 점을 뒷받침해준다. 어린 신공이 성숙했을 때 백제는 가야(고령가야)의 중애왕(『고사기』, 『일본서기』에 14대 주아이천황으로 기록되는 인물)과 정략결혼을 시키다. 중애왕과 신공은 나이 차이가 많았다. 중애왕의 비가 된 신공은 기쁠리가 없었다. 그러는 동안 신공은 무병을 앓고, 신내림을 받은 뒤 신의 뜻을 읽어내는 능력을 갖추게 되었다. 전투의 승리나 왕실의 비극 등을 예언하게 된다. 신공이 독자적 권한을 행사하려면 왕의 아이를 갖는 방법뿐이 없었다.

50대 초반이던 중애왕에게는 적통의 아들이 둘이나 있었다. 그렇기에 중애왕은 신공과의 사이에서 후사를 생각지도 않았다. 중애왕이 규수 남부의 반란지역을 평정하는 중이었다. 무속제관인 무내숙니를 통해 하늘의 뜻을 물었다. 신공의 입을 통해 내려진 신의 뜻은 금과 은이 가득한 바다 건너 왜국을 정벌하라는 것이었다. 하지만 중애왕은 예언을 듣지 않았다. 『일본서기』에 따르면 신의 계시가 신공을 통해 다시 전해졌다. 그것은 중애왕은 새로운 땅을 갖지 못할 것이고, 대신 왕후(신공)이 방금 잉태한 아이에게 주겠다는 계시였다. 『고사기』에는 중애왕이 신의 예언을 거부한 바로 그날 밤 가야금을 타다 죽었다고 기록하고 있다. 중애왕의 죽음을 비밀에 부친 신공왕후와 무내숙니는 고령을 수도로 한 대가야 일대에서 바다 건너 왜를 정벌할 군대를 징발하였다. 80척 이상 되는 모든 배들이 말 20마리와 군사 40명 원정기간 내내 필요한 물자를 함께 실었다. 그때 까지 일본에는 말과 소가 없었다. 말을 타고 철갑으로 무장한 부여 기마족들이 열도에 나타났을 때 왜국의 원주민들은 싸울 엄두도 내지 못하고 하늘에서 내려온 신의 사자로 맞이했을것이다.

모든 역사 기록은 신공왕후가 믿을 수 없을 만큼 아름답고 능란한 무녀였다고 강조한다. 『일본서기』에는 신공이 임신한지 열 달하고 열나흘 째 15대 응신천황을 낳았다고 기록한다. 『일본서기』9월 8일조의 기록이다. 여왕이 해산할 시간이 다가왔다. 출산을 막느라 끼웠던 돌은 달걀 모양이라고 전해진다. 일본을 통치하기 위해 응신천황(신공왕후의 아들)은 한국 땅이 아닌일본 현지에서 출산해야 했던 것이다.

후에 백제가 망하고 고구려가 망한 다음 일본역사를 서술할 때 신공황후의 왜국정벌은 삼한정벌로 뒤집혀 서술된다.

신공이 북방에 뿌리를 두고 있다는 근거들을 『일본서기』에서 말해준다. 신공을 일본 출신으로 둔갑시켜 규슈에서 출발해 고령으로 갔다가 다시 남쪽으로 내려왔다는 많은 일본 역사가들의 주장은 설득력이 없다.

처녀가 임신을 하였는데, 알을 낳았고, 그 알에서 큰 인물이 태어났다는 난생신화는 북방 신화의 특징이다. 거기에는 천손사상이 배어 있다. 정견모주, 선도성모인 사소부인은 비록 난생설화와는 관련이 없지만 역시 천손 사상을 배경으로 한다. 거기다가 신녀에 다름 아니다. 그리고 북부여에서 한반도로 내려와 일본을 정복한 신공왕후는 명백한 신녀의 지위를 지니고 있었다. 알타이에서 그 너머, 또 한반도와 일본에 이르는 기마민족들의 터전에서는 신정정치를 위한 신녀가 중요한 역할을 했다. 알타이의 파지리크 얼음공주도 신녀인데 함께 순장된 사람과 말을 보면 얼음공주의 사회적 지위를 짐작할 수 있다.

요시타케타카키 유적 '야요이 바람공원'

후쿠오카시 니시구에 있는 야요이 시대의 대규모 유적 '국사 흔적 요시타케타카키 유적 야요이 바람공원'을 헤이세이 29(2017)년 4월 15일(토)

– 일본 규슈, 요시타케타카키 유적 "야요이 바람 공원" 유적지

- 일본 규슈,
  요시타케타카키 유적
  "야요이 바람 공원" 유적지

  평등사회였던 일본반도로
  조선반도에서 농경과 금속기를
  들어와서 유력자가 출현하고
  왕조가 세워졌다는 내용.
  평등사회였던 일본을 한반도에서
  도래인들이 건너와
  왕국으로 건설하였다는 표지안내판.

유라시아 알타이의 길, 한민족 DNA

개장했다. 원내에는 야요이 시대의 건물과 유적에 대한 해설이나 전시 등으로 역사를 알 수 있도록 했다.

약 2,200년 전의 야요이 시대 유적에서 세 가지 보물인 거울, 구슬, 검을 부장한 '최고의 왕묘' 등 다수의 중요한 발굴이 이루어진 요시타케타카키 유적은 이미 헤이세이 5(1993)년에 국가 지정 사적인 역사 공원으로 지정되었다.

규슈 요시노가리 청동기 유적지

사가현 칸자키시와 칸자키군 요시노가리에 걸쳐 요시노가리역사공원은 야요이시대 최대 규모의 환경 벙커 마을이 되었다.

사마대국의 모습을 연상시키는 건물 흔적이 발견됨에 따라 전국에서 주목을 해 역사공원으로 정비가 진행되어 왔다.

현재 부지 면적 약 86.7헥타르라고 하는 광대한 부지의 오른편에는 제전이나 분구 무덤 등이 재현되어있다.

고대에 한국과 일본은 남방 해양민족들이 배를 타고 와서 정착을 했다. 그러나 고조선 시대부터 북방기마민족이 남하하여 삼한 부족국가를 세우게 된다. 이후 맥족인 고구려, 백제가 건국하게되고, 예족이 태백산맥을 타고 내려와 신라와 가야를 세우게 된다. 그 시기에는 일본은 아직까지 남방민족이 어업과 수렵으로 살아가고 있었는데, 가야와 백제가 멸망하면서 수십만 유민들이 건너가 왕조를 세우게된다.

일본은 고조선시대부터 소수의 한반도 도래인들이 들어오기는 하였으나 대규모의 인구유입은 가야와 백제 유민들이다. 여러 역사적 발굴된 유물들이 이를 증명한다. 이번 규슈, 대마도 촬영에서 고대 기마민족 일본유입을 증명할 수많은 고대 유적 및 유물들을 촬영했다.

- 일본 규슈의 요시노가리 청동기 유적지, 부족장 왕궁은 3층인데 2층은 왕의 집무실이고 3층은 신녀의 기도처이다.

- 일본 규슈 요시노가리 청동기 유적 부족장 왕궁내 신녀의 기도. 제단의 청동거울을 향해 벼곡식을 바치고 기도. 청동거울은 부족장의 보물인 삼종신기인데 태양에 빛살이 반사하여 퍼지는 모습을 후에 욱일기로 형상화한 것 같다.

유라시아 알타이의 길, 한민족 DNA

욱일기의 연원은?

요시노가리 청동기 유적 왕궁 3층에서 청동거울을 제단에 모셔 넣고 벼
(곡식)를 공물로 바치며 기도하는 모습이 나온다. 대마도 해신 신사에도
제단에 청동거울을 모셔놓고 손거울을 공물로 바치고 있다. 청동거울에
반사되는 햇살을 욱일기와 일장기로 형상화한 것으로 추정된다. 일본의
국기가 한반도 부족장을 받드는 신물이자 유물에서 비롯된 이미지로 형
상화했다고 유추해 볼 수 있다. 일본의 건국 신화에도 청동거울, 청동 칼,
옥이 나온다.

　　고조선시대부터 신녀를 중심으로 신정정치를 했던 역사 흔적을 규
슈에서 발견하였다. 〈안시성〉이란 영화에서도 당태종이 양만춘에게 신
녀를 보내 항복을 권유하는 장면이 나온다. 신녀 정견모주는 대가야, 금
관가야의 시조모이다. 신라의 선도산 성모는 원래 중국 제실의 딸로 이
름을 사소라 하였는데, 일찍이 신선술을 배워 신라로 건너와 머물렀다.
알타이에서도 산 위의 빙하에서 아기 양을 안은 채 신목을 들고 동사한
2,500년의 신녀 얼음공주를 발견하였다.

　　일본 규슈 요시노가리 유적에서는 왕의 집보다 신전이 훨씬 크다.
신전 3층에는 신녀가 여인들을 거느린 채 제단에 볏짚을 바치며 기도하
는 장면을 재현했다. 부족 국가 초창기 왕정의 최고 위치에서 신녀의 신
정정치가 펼쳐졌던 것이 기마민족의 전통이었음을 보여주는 셈이다.

10장

유라시아에서
한민족 DNA를
찾다

한민족 DNA는 끈질긴 생존 본능, 승부사 기질, 강한 집단 의지, 개척자 정신 등 네 가지로 구성되는데 이러한 DNA는 2500년간 유라시아 대륙을 지배하였던 초원 제국의 기마민족들 속에서 찾을 수 있다. 우리 민족이 세계제국을 건설하였던 흉노·돌궐·몽골(원제국)·만주(청제국)와 같은 DNA라는 주장은 새로운 것이 아니다.

신채호 선생이 1931년 조선일보 연재 '조선사'에서 "조선족이 분화하여 조선·선비·여진·몽고·퉁구스 등의 종족이 되었다"고 하였다. "BC 2333년 건국된 단군조선이 세월이 흐르면서 유라시아 대륙으로 흩어져 세계 최강최대(最强最大)의 제국들을 건설하였다. 고조선 멸망 이후 생겨난 고구려 역시 '몽고의 예맥족이 남하하여 만든 국가였다." 이때 단군조선은 하나의 국가 단위가 아니고 연방체였던 것으로 추정된다. 또 그렇게 해석해야만 고대사를 설명할 수 있다.

북방 기마민족과
한민족의 관계

여진은 중국인들이 발해가 멸망한 후 발해 땅에 붙인 이름이다. 128년간 지속된 발해가 926년 멸망하자 중국인들은 발해 옛 땅을 여진, 그 땅에 살던 사람들을 여진족이라 불렀다. 여진족의 여러 부락 중 함흥·길주이 북에 있던 완안부의 지도자 아골타가 등장해 흑수말갈까지 통합해 금나라를 건국했다. 금은 송과 연합해 거란의 요나라를 멸망시키고 이어 송을 강남으로 쫓아내버리고 수도를 상경(하얼빈)에서 연경(베이징)으로 천도했다. 이때 베이징은 처음 왕조의 수도가 된다.

발해왕 후손으로 알려진 청 태조 누르하치. 1616년 여진 부족을 통합한 누르하치는 금나라에 이어 후금을 건국한다. 이어 즉위한 청 태종(홍타이지)은 대청으로 국호를 바꾸고 순치제는 중국 지배의 기초를 확립하고 강희제는 중국 영토 전체를 통일한다. 이어 등장한 옹정제 때 청나라의 지배체제가 확립되고 건륭제 때는 최대 영토를 지배하게 된다. 청은 1912년 마지막 황제 선통제까지 지속된다.

금나라와 청나라를 세운 여진의 역사는 한민족 역사와 밀접하다. 그 근거는 다음과 같다.

첫째, 금나라 역사서인 『금사(金史)』에는 금나라 건국자 아골타의 조상이자 시조인 함보가 고려(고구려·발해)에서 왔다고 하며 아골타는 스스로 "여진과 발해는 원래 한 집안"이라 했다고 밝힌다.

유라시아 알타이의 길, 한민족 DNA

둘째, 청나라 건륭제의 명으로 쓰여진 『만주원류고』에서 '청 태조 누르하치 가문이 금나라 남은 부락이며 발해왕의 후손'이라고 밝히고 있다.

셋째, 북방사학자 전원철 박사에 따르면 아골타는 발해 대조영의 동생 대야발의 후손인 함보의 7대손이며 누르하치는 아골타의 약 20대 손이라 한다.

이런 주장들을 종합하면 여진족은 고구려·발해의 후예이며 금의 건국자 아골타, 청의 건국자 누르하치 모두 고구려 후예인 발해인의 후손인 것이다.

외몽골 벌판에 동명성왕(고주몽) 석인상이 방치되고 있다가 발견되어 박물관으로 돌아왔다. 이 석인상은 몇몇 추측을 낳게 한다. 외몽골에 고주몽석인상이 있다는 것은 고구려 영역이 외몽골까지 있었다는 것, 아니면 당나라에 패한 고구려유민들이 사방으로 흩어지면서 우랄산맥을 타고 서진하면서 중간 도읍을 세워 시조 석인상을 세웠을 수도 있다. 몽골 홉스굴 주위를 답사할 때 만주형 왕궁이 방치되고 있었다. 그 주변 사방 백 여킬로 이내에는 민가가 없었다. 그렇게 오지에 왕궁을 세웠다는 것은 고구려 유민들이 일시적으로 머물면서 왕궁을 세웠고 그 후 다시 다른 지역으로 이동해서 왕궁 주변이 허허벌판 변했다는 반증이 아닌가.

유라시아 횡단하며 카자흐스탄과 몽골 알타이에서 석인상을 수없이 촬영하였다. 중앙아시아와 몽골 서북부의 종족들은 한민족과 연관성이 깊다는 감정을 계속 느꼈다. 한민족은 중국 한족과 전혀 다른 북방 민족이다. 한국의 석인상은 벅수로도 불린운다. 벅수는 마을 또는 절 입구, 길가에 세워 놓은 사람머리 모양의 기둥으로 장승이라고도 하며, 돌로 만든 석장승과 나무로 만든 목장승이 있다. 장승은 지역 간의 경계표시, 이정표, 마을 수호신 등의 역할을 한다.

운주사 석불의
비밀

석상을 찾아다니던 과정 속에 내게 의문으로 남는 게 운주사 석불들이었다. 운주사 석불들과 관련한 전설들과 많은 학설들이 있지만 내게 떠올랐던 것은 그런 것과는 달랐다. 바로 운주사 석불들의 얼굴과 몽골 및 알타이 초원에 서 있는 석상들의 얼굴이 너무 닮았기 때문이다. 운주사는 고려 초 도선국사가 창건하였다고 하는데 정확한 기록이 남아 있지 않다.

　　첫번째 사진이 운주사 석불이고 두번째 사진은 몽골 초원의 석상이고, 세번째 사진은 알타이 을기시의 석상, 네번째는 대마도 신사의 석상이다. 각 나라의 석상 형태가 모두 똑같다. 운주사는 화순에 있고 화순은 고인돌이 많다. 영산강으로 연안항로를 타고 유라시아의 고대인들이 몰려와서 부족국가를 세웠다. 고인돌은 부족장의 무덤이다. 어쩌면 운주사 석불 속 얼굴은 부처상이 아니고 부족장 및 가족들의 얼굴이다. 나는 알타이에서 부족장 순장묘 석상을 수없이 촬영한 바 있다. 그 속에 보이는 유사성에 놀라움을 금치 못한다. 운주사의 석불상과 알타이 적석총 석인상은 그 형태가 매우 유사하다. 또한 우리나라 전국에 산재한 고대 석불상은 알타이 석인상들도 그렇다. 고대의 흔적을 엿볼 수 있는 허황후의 파사탑과 그 운주사 둥근 석탑도 많이 닮았다.

다시 고구려로 돌아가 본다. 북만주에 있는 흑룡강은 어느 나라 땅인가? 현재는 중국 땅이지만 불과 몇 백 년 전까지 한민족의 땅이었다. 고대 흑룡강에서 발원한 민족은 역사상 가장 큰 영토를 제패하였다. 기원전 5세기 흉노족도 흑룡강에서 발원하였으며, 기원후 5세기 훈족도 흑룡강이 고향이다. 몽골의 친기스칸은 발해 대조영의 동생 대야발의 19대 후손이다. 흑룡강은 고구려 땅이자 발해 땅이었다.

"위대한 고구려 개마무사들이여, 그들은 어디로 갔을까?" 나는 그 답을 찾는 여정에 있다. 그러다가 러시아 볼가강 칼미키야 공화국에서 그 흔적을 찾는다. 이렇게 퍼즐을 하나하나 맞춰 나가다보면 우리가 몰랐던 고구려 개마무사들의 역사가 펼쳐질 것이다.

당나라에 패한 고구려 유민들은 당나라 수도 장안성의 토번족 침략을 막기 위해 현 차마고도 입구인 중국의 동부 감숙성, 섬서성, 사천성 외 황무지로 강제 이주가 되고, 고구려의 또 다른 부족인 말갈족은 우랄산맥을 끼고 서진하여 볼가강 숲에 정착한다. 세력을 키운 말갈족은 유럽을 침공하여 헝가리를 건국하게 된다. 한편 몽골 서북부에 있던 오이라트 부족은 서진하여 현재 칼미키야 공화국의 주체가 된다.

러시아연방의 공화국 중 하나인 칼미키야 공화국은 카프카즈 산맥 북쪽, 카스피해 서쪽, 볼가강 유역에 있는데, 수도는 옐리스타이다. 볼가상은 발살족의 유럽진출 전초기지 마을이었다. 그런 것을 반승해 주듯이 칼미키야 공화국 인구 중 다수가 몽골계이다. 인구 30만명에 몽골계 칼미크족이 전체의 57.4%를 차지한다. 고구려 개마무사들의 후예 칼미크공화국의 전사들 전투장면은 수도 옐리스타 거리의 조형물에서 볼 수 있다.

몽골에 살던 타타르족은 우랄산맥 서쪽, 볼가강과 그 지류인 카마강 유역에 사는 투르크 종족이다. 러시아 연방 타타르스탄 공화국과 이외의 지역에 살고 있다. 타타르족의 기원은 고대 투르크계 사람들이며, 기원전 중앙아시아의 역사적 기록에 처음 언급되었다. 지금의 러시아, 우크라이나 그리고 카자흐스탄에 걸쳐 있던 킵차크 칸국이라고 부르는 몽골 제국의 가장 서쪽의 한국(汗國) 구성의 일부분이 되었다.

실크로드 타클라마칸 사막을 지나면 중앙아시아 그리고 카스피해 아래로 돌아가면 이란, 이라크, 터키로 향하고 투르크족의 이동로이다. 카스피해 북쪽으로 돌아서 유럽을 가면 유럽에 도착된다. 불가리아, 헝가리로 향하는 유라시안로드 이동로이다. 고구려 영양왕이 수나라를 견제하기 위해 말갈족 기병대를 요서로 보내 정벌하였다. 그 후 수나라가 고구려를 침공하자 요서의 말갈족은 바이칼호로 퇴각하고 볼가강 아스트라한에 정주하던 말갈족은 카스피 북쪽을 돌아서 유럽을 습격한다. 로마 제국 왕자와 공주를 볼모로 잡고 나중에 말갈족이 합쳐서 헝가리를 건국하게 되는데 이 말갈족을 마자르족이라 부른다. 고구려유민 말갈족이 유럽을 공포에 떨게 하고 나라까지 세우게 되는 것이다.

볼가강 및 카자흐스탄에서 천마도를 발견하였고, 헝가리에서는 새끼줄에 숯과 빨간 고추를 엮는 한민족의 풍습을 발견하기도 했다. 부다페스트에서 아리랑을 주제로 전시를 한 적이 있는 나로서는 감회가 깊다. 어쩌면 터키보다는 헝가리가 우리와 더 가깝다는 생각을 지울 수 없었다. 헝가리어는 유럽어의 특징인 굴절어를 쓰지 않고 우리와 같은 교착어를 사용 한다 교착어를 쓰는 유럽인은 헝가리와 핀란드와 터키인데 아시아에서도 교착어를 쓰는 나라는 우리나라와 몽골, 일본이다. 만주에 살던 말갈족은 초원의 길을 가로질러 시베리아를 거쳐 유럽 헝가리에 그렇게 안착하였다. 바로 고구려 민족의 그 먼 여정이다. 내 여정을 마쳐야 한다. 나는 '유라시아 알타이의 길'이라 명명한 예맥족 이동경로를 답사하며 그 역사의 흔적을 카메라에 담았다. 한반도를 비롯한 일본, 몽골, 알타이, 바이칼에서 우리 고대사를 읽을 수 있는 유물과 풍습, 사람들 앞에서 가슴 설레였다. 이번 '유라시아 알타이의 길'이라는 이번 프로젝트의 여정 상답사를 못한 곳들을 찾아 떠날 것을 다시 다짐해본다.

김경상

개인전 77회, 저서 23권

- 한류문화인진흥재단 홍보대사
- 문화체육관광부 한국문화예술위원회 예술인패스 회원,
- 교황 프란치스코 방한 공식 미디어 작가
- 유라시아 횡단 랠리 다큐작업 (2019. 07 ~ 08)
- UNESCO, UNICEF 사진작업
- 청와대 의전선물 (교황청) (2009)
- 문화재청 한국전통문화대학 공무원 세계유산 이해과정
  특강사 (2016. 09. 21)

1. 유라시아 횡단 (모스크바~칼미크 공화국, 카자흐, 우즈
벡, 고르노알타이, 몽골알타이, 내몽골, 북경, 심양, 동북3성,
북한접경까지 자동차 랠리) / 고대 기마민족 알타이족의 신
라, 가야. 일본 황실 건국까지 다큐 추적작업 (러시아 바이칼
호의 부리아트족, 알타이족, 흡수골 차탕족, 일본 규슈의 청

동기 유적 / 가야의 왕자들의 진출후 일본 황실 건국까지) 고구려 멸망후 말갈족(마자르족, 훈족)의 유럽 침공후 헝가리 건국까지 다큐 추적작업

2. 고조선 단군신화 다큐멘타리 사진작업 (중국 내몽골 적봉의 홍산문화 유적 / 요녕성 신석기 청동기 시대 유적 및 유물)

3. 고구려 다큐멘타리 사진작업 (백두산 / 중국 동북3성 고구려 고분벽화 / 청동기, 철기시대 유적 및 유물 / 요동성, 안시성, 백암성 / 동명성왕의 졸본산성, 광개토대왕, 장수왕의 집안, 발해)

4. 한반도 삼한시대 다큐멘타리 사진작업 (전국 고인돌/ 암각화/ 마한, 진한, 변한 유적 및 유물)

5. 단원 김홍도, 겸재 정선의 진경산수, 관동팔경 다큐작업과 한국의 아름다운 정자 200선 : 고려말부터 조선시대의 한국의 아름다운정자 시리즈

6. 프랑스 후기 인상파의 고향 (빈센트 반고흐, 모네, 밀레 , 폴세잔) 다큐작업

7. 한,중,일, 인도 한센인마을 및 동남아시아 스모킹마운틴 마을 다큐사진작업

8. 아프리카 에이즈 마을, 난민촌 유니세프 사진작업 (잠비아, 우간다, 캄보디아)

9. 세계문화유산 유네스코 등재 유럽, 아시아, 아프리카 200 유적 다큐사진작업

10. 아리랑 외 한국의 문화유산 유네스코 다큐사진작업

11. 우리시대 위대한 성자 다큐사진작업 (교황 프란치스코, 교황요한바오로2세, 마더데레사, 성 막시밀리아노 마리아 콜

베, 추기경 김수환, 달라이라마)

김경상 작가는 40년간 일관되게 인류학적 정신사를 추적하며 다큐멘터리 작업을 해왔다. 그의 작업을 주제별로 살펴보면 가난하고 고통 받는 소외된 사람들에 대한 관심과 사랑, 인류애를 실천한 거룩한 성인들의 정신과 사랑, 한국의 사라져가는 민속을 찾아 한국인의 정신적 근거와 뿌리를 찾는 작업으로 크게 구분해 볼 수 있겠다.

가난하고 고통 받는 소외계층에 대한 작업은 아프리카 난민촌 및 에이즈 등을 주제로 후지산의 소록도인 후쿠세이 한센인 마을, 중국 시안 인애원 한센인 병원, 일본 도쿄 노숙자, 나가사키, 캄보디아 프놈펜, 필리핀 마닐라와 다카이다이, 비락섬, 마욘화산, 세부 등 거리의 노숙자, 원폭 피해자 병원, 에이즈, 호스피스, 쓰레기 마을, 아동보호소 등 극한에 처한 현장을 담았다.

성인들에 관한 작업은 바이블루트, 마더 데레사, 성인 콜베, 교황 요한바오로 2세, 김수환 추기경을 대상으로 했다. 특히 마더 데레사 사진집과 성인 콜베 사진집, 사진 작품 2점(폴란드 원죄 없는 성모마을 밀밭에서 기도하는 수도자의 모습을 담은 사진 1점, 김수환추기경의 선종당일 정진석추기경과 김옥균주교의 기도하는 장면 사진 1점)은 청와대 의전 선물로 선정되어 2009년 7월 대통령 방문 의전 선물로 교황 베네딕토 16세에게 전달되었다.

2014년 8월 교황 프란치스코 방한 공식 미디어 작가로 교황을 촬영을 하였고, 9월 바티칸에서 교황 프란치스코 공식 알현을 하며 바티칸 및 조상들의 고향 아스티 및 시칠리아 섬 수도원 작업을 하였고, 특히 2015년 5월 이탈리아 포르타

코마로 시장 초청으로 교황 프란치스코 사진전을 초대 받았다. 7월에 아르헨티나 부에노스아이레스 중남미문화원에서, 2016년 5월 이탈리아 아스티 피아캐슬뮤지엄에서, 6월 팔라비치니 궁전 '제56회 국립 종의 축제'에서 가진 바 있다.

한국의 정신적 근거를 찾는 작업은 '아리랑 프로젝트'를 중심으로 펼치고 있다. 2011년 한 호 수교 50주년 기념전이 시드니 파워하우스 뮤지엄에서 개최되어 좋은 반응을 받은 바 있는 '장인정신: 한국의 금속공예' 전에는 한국풍경사진을 위촉 받아 사진을 제공했다. 이 전시는 유네스코 산하 호주 국제박물관협회(ICOM Australia) 상을 수상했고 사진이 실린 전시 도록은 호주 뉴사우스웨일즈(NSW)주의 전시 도록 출판인쇄상(PICA)을 수상했다. 아리랑 프로젝트는 프랑스 3대 축제인 아비뇽페스티벌(2013), 파리대학페스티벌(2013), 낭트페스티벌(2014)에 초청되었다. 또한 2014년 세계 주요 도시인 헝가리 부다페스트, 미국 워싱턴 DC, 프랑스 낭트 및 파리, 인도 뉴델리, 미국 뉴욕, 아르헨티나 부에노스아이레스, 이탈리아 아스티 밀라노 엑스포 등지에서 순회 전시를 하였으며, 2015년 낭트 페스티벌 조직위원회의 공식 초청으로 코스모폴리스 국제교류아트센터와 파사쥐 상트크로와 특별 전시를 하였다.

김경상의 주요 작품과 사진집은 바티칸 교황청, 천주교서울대교구청, 생명 위원회, 평화화랑, 아주미술관, 뉴욕 ICP, 프랑스 메르시 그룹 MECCANO, 헝거리 야스베니샤루 삼성전자 현지법인 등지에 소장되어있다.

정태언

서울에서 출생하여 한국외국어대학교 노어과 및 동대학원을 마친 뒤 모스크바국립대학교에서 박사학위를 취득했다. 박사학위논문으로 『미하일 조셴꼬 작품에 나타난 희극성 본질』이 있다. 한국외국어대학교, 연세대학교, 단국대학교에서 러시아 문학과 시베리아 관련 강의를 했다. 아울러 프레시안 〈시베리아 학교〉 교장과 한국-시베리아센터 책임연구원을 역임했다.

논문으로는 「전환기 러시아 풍자문학 연구」, 「미하일 조셴꼬의 〈감상적인 소설들〉에 나타난 주인공 유형」, 「조셴꼬의 단편소설에서 희극성 창출을 위한 기법들」, 「조셴꼬와 고골 작품에 나타난 공간의 문제」 등이 있고, 시베리아 원주민의 삶과 정신문화를 다룬 「아르셰니예프의 〈데르수 우잘라〉 연구 : 1900년대 초의 극동지방의 상황과 원주민들의 정신문화」 등이 있다. 이밖에도 부랴트의 '게세르'와 시베리아 소수민족 신화들을 연구하여 발표했다.

2008년 《문학사상》 신인상에 단편소설 「두꺼비는 달빛 속으로」가 당선되며 작품 활동을 시작했다. 소설집으로 『무엇을 할 것인가』, 『성벽 앞에서-소설가 G의 하루』, 『시베리아, 그 거짓말』과 산문집으로 『시베리아 이야기』가 있다. 역서 『모스크바에서 서울까지』, 『백학』 등과 공저 『선택』, 『1995』, 『큰 산 너머 별』 등이 있다. 대산창작기금 및 아르코창작기금을 받았고, 문학비단길작가상과 스마트소설박인성문학상을 수상했다. 한국문화예술위원회 레지던스 작가로 사할린에 파견되었고, 이밖에 한국문화예술위원회 주관 도서관상주작가로 근무하며 러시아문학 강의와 소설창작 수업을 진행했다. 현재는 소설 쓰기에 전념하고 있다.

김태환

●

2019.07.09~08.10
한반도 평화통일 기원 유라시아횡단 대장정 다큐멘타리 사진작업
러시아 모스코바, 칼미크공화국, 우즈베키스탄, 카자흐스탄,
알타이공화국, 몽골, 중국 베이징 외 유라시아로드 SUV 랠리.

●

2018.04.01~04.25
프랑스 인상파 명작의 고향 순례 다큐멘타리 사진작업
스페인 바로셀로나, 이탈리아 피아몬테, 프랑스 프로방스, 아를,
오베르쉬즈우아즈, 지베르니 외